普通高等学校规划教材

Mechanics of Elasticity

弹 性 力 学

孔德森　赵志民　王安水　编著

人民交通出版社股份有限公司
China Communications Press Co.,Ltd.

内 容 提 要

本书简明扼要地阐述了弹性力学的基本概念、基本理论和基本方法。全书共分7章,分别为绪论、弹性体中任一点的应力状态、弹性力学平面问题的建立、直角坐标系中弹性力学平面问题的求解、极坐标系中弹性力学平面问题的求解、弹性力学空间问题的建立以及弹性力学空间问题的求解。本书在介绍弹性力学基本理论的同时,注重理论联系实际,结合典型实例,突出对弹性力学解题思路、解题方法和解题步骤的阐述,以使读者在掌握弹性力学基本理论的同时提高解决工程实际问题的能力。

本书可作为高等学校土木工程专业、水利水电工程专业和城市地下空间工程专业的弹性力学课程教材,也可作为其他工科相关专业的参考教材,并可供相关工程技术人员参考。

图书在版编目(CIP)数据

弹性力学 / 孔德森，赵志民，王安水编著. —北京：人民交通出版社股份有限公司，2014.10

ISBN 978-7-114-11793-0

Ⅰ. ①弹… Ⅱ. ①孔… ②赵… ③王… Ⅲ. ①弹性力学—高等学校—教材 Ⅳ. ①O343

中国版本图书馆 CIP 数据核字(2014)第 241706 号

普通高等学校规划教材

书　　名:弹性力学

著 作 者:孔德森　赵志民　王安水

责任编辑:黎小东

出版发行:人民交通出版社股份有限公司

地　　址:(100011)北京市朝阳区安定门外外馆斜街3号

网　　址:http://www.ccpress.com.cn

销售电话:(010)59757973

总 经 销:人民交通出版社股份有限公司发行部

经　　销:各地新华书店

印　　刷:北京市密东印刷有限公司

开　　本:787×1092　1/16

印　　张:9.5

字　　数:160千

版　　次:2014年10月　第1版

印　　次:2014年10月　第1次印刷

书　　号:ISBN 978-7-114-11793-0

定　　价:20.00元

(有印刷、装订质量问题的图书由本公司负责调换)

前　　言

弹性力学是固体力学的一个重要分支，同时，它也是其他固体力学分支学科的基础，是工程结构分析的重要手段，现已广泛应用于土木工程、水利工程、机械设计与制造、造船工业、海洋工程、石油工程、航空航天工程、矿业工程以及环境工程等领域，而且已发展成为解决许多工程问题必不可少的重要工具。另外，弹性力学还是土木、机械、水利、建筑、力学等高校工科专业的主干基础课程，是一门理论性和应用性很强的专业技术基础课，是众多工程学科的基础，许多后续课程都建立在弹性力学的基础之上。

弹性力学课程的最大特点是其中的方程和公式多而复杂，数学推导十分严密，求解过程冗长，对数学和力学基础的要求较高，学习难度较大。目前，很多弹性力学教材只注重基本理论和基本方法的阐述，而忽略了实践和应用环节，没有与之相适应的典型例题分析，再加上弹性力学课堂教学学时所限，教师往往只能讲授最基本的原理，很少顾及相关例题的讲解，更谈不上举一反三、灵活应用了，致使学生学了很长时间后却不知道弹性力学能做什么、能解决什么问题。有的弹性力学教材每章后面虽然也配备了较多的练习题，但由于习题求解过程繁杂，计算量较大，对高等数学和其他力学的知识要求较高，致使很多学生往往退而却步，久而久之，对弹性力学失去了学习兴趣，甚至产生了厌烦心理，更不会应用弹性力学的基本理论解决实际工程问题，从而导致弹性力学的教学质量不高，学习与实际应用严重脱节。

基于以上原因，作者在现有的各种弹性力学教材和配套辅导教材的基础上，结合多年从事弹性力学研究和教学的实践经验编写了本书，简明扼要地阐述了弹性力学的基本概念、基本理论和基本方法。本书在介绍弹性力学基本理论的同时，注重理论联系实际，结合典型实例，突出对弹性力学解题思路、解题方法和解题步骤的介绍，旨在提高解决工程实际问题的能力。

全书分为7章，第1章为绪论，介绍了弹性力学的任务、研究对象和研究方法，同时，还介绍了弹性力学的发展和应用情况以及弹性力学的基本假定；第2章重点阐述了弹性力学的基本概念和弹性体中任一点的应力状态；第3章对弹性力学平面问题的建立进行了全面论述，具体包括两种平面问题的概念、弹性力学平面问题的基本方程和边界条件等；第4章重点讲述了直角坐标系中弹性力学平面问题的求解方法，如按位移求解、按应力求解、逆解法和半逆解法等；第5章对极坐标系中弹性力学平面问题的建立和求解方法进行了全面论述；第6章介绍了弹性力学空间问题的建立；第7章重点阐述了弹性力学空间问题的求解方法。

本书由山东科技大学孔德森、赵志民和王安水编著。在编著过程中，王晓敏、王士权、邓美旭、谭晓燕、陈士魁、宋城等做了大量的工作，在此谨向他们致以衷心的感谢。同时，书中还参考了国内外众多单位和个人的研究成果与工作总结，在此一并表示感谢。

本书的出版，得到了山东科技大学杰出青年科学基金项目（2012KYJQ102）和山东科技大学科研创新团队支持计划项目（2012KYTD104）的资助，在此一并表示感谢。

由于作者水平有限，书中不足之处在所难免，恳请读者批评指正，以便做进一步的修改和补充。

孔德森　赵志民　王安水

2014年8月

目　　录

第1章
绪论

1.1 概　　述

弹性力学，即弹性体力学，又称弹性理论，是固体力学的一个重要分支学科。它研究弹性体在外力作用、边界约束或温度改变等条件下产生的应力、应变和位移，从而进一步解决机械或结构设计中存在的强度和刚度问题。

所谓弹性，是指物体在外界因素（外荷载、温度变化等）作用下产生变形，且当外界因素撤除后，该物体可以完全恢复其初始形状和原有尺寸的性质。也就是说，弹性力学仅研究变形与外力呈线性关系的物体。

1.1.1 弹性力学的任务

与材料力学、结构力学一样，弹性力学的任务也是分析各种结构物或其构件在弹性阶段的应力和位移，校核它们是否具有足够的强度、刚度和稳定性，并寻求或改进相应的计算方法。

1.1.2 弹性力学的研究对象

在研究对象方面，弹性力学与材料力学、结构力学之间有一定的分工。材料力学基本上只研究杆状构件，即长度远大于高度和宽度的构件；结构力学主要是在材料力学的基础上研究杆状构件所组成的结构，即所谓的杆件系统，如桁架、钢架等；而弹性力学的研究对象为各种形状的弹性体，即除杆状构件外，还研究各种平面体、空间体、平板和壳体等。弹性力学的研究对象相对材料力学和结构力学更为广泛。

1.1.3 弹性力学的研究方法

弹性力学的研究方法与材料力学的研究方法相比，既有相似之处，又有一定的区别。相似之处是指它们都从静力学、几何学和物理学三方面对物体进行分析。区别是指弹性力学研究问题时，在弹性体区域内必须严格考虑静力学、几何学和物理学三方面的条件，在边界上必须严格考虑受力条件和约束条件，由此建立微分方程和边界条件并进行求解，得到较精确的解答；而材料力学虽然也考虑了这几方面的条件，但不是十分严格，在进行静力学、几何学、物理学和边界条件分析时，大多引用了一些关于物体的形变状态或应力分布的假定，从而大大简化了数学推演，但是，得出的解答往往只是近似的。

例如，材料力学在研究直梁在均布荷载作用下的弯曲时引入了平面截面的假定，得到的结果是：直梁横截面上的正应力（弯应力）是按直线分布的，如图 1-1a）所示。而弹性力学在研究这一问题时，就无需引入平面截面的假定，因此所得到的结果是精确的；同时，还可以用弹性力学的分析结果来校核材料力学中平面截面假定的正确性，并由此可知：如果梁的深度并不远小于梁的跨度，即两者是同等大小的，那么直梁横截面上的正应力就不是按直线分布的，而是按曲线变化的，如图 1-1b）所示，从而，材料力学中给出的最大正应力将具有较大的误差。

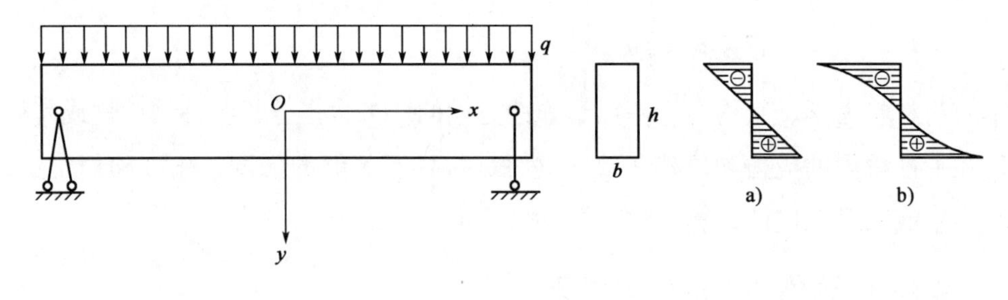

图 1-1

又如，在用材料力学方法计算带孔构件的拉伸时，通常假定拉应力在带孔构件的净截面上是均匀分布的，如图 1-2a）所示；但用弹性力学方法求解这个问题时，就不需要做这样的假定，而且弹性力学的计算结果也表明，带孔构件净截面上的拉应力并不是均匀分布的，而是在孔边附近发生高度的应力集中现象，孔边的最大拉应力会比平均应力高出若干倍，如图 1-2b）所示。

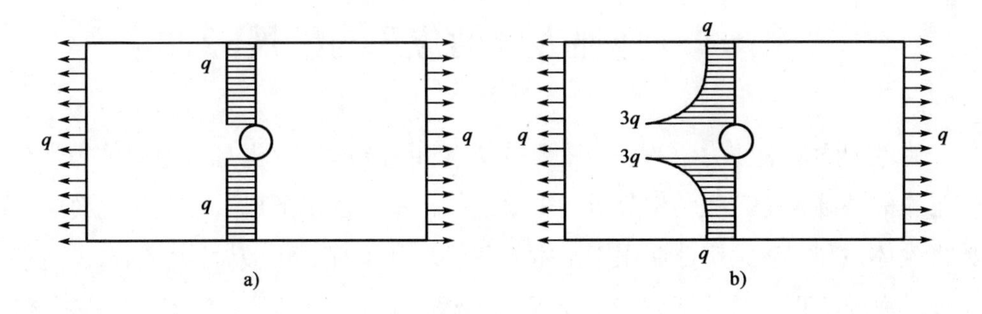

图 1-2

从数学的角度分析，弹性力学问题的求解可归结为在边界条件下求解微分方程组，属于微分方程的边值问题。在用弹性力学的方法解决实际工程问题时，由于实际工程的边界形状和受力状况等十分复杂，往往难以得到理论的精确解答。因此，国内外学者不断寻求各种近似解法，如差分解法和变分解法等。这些近似解法的出现和应用为弹性力学解决实际工程问题开辟了更为广阔的前景。

自20世纪30年代以来，很多学者致力于弹性力学和结构力学的综合应用，使得这两门学科的结合越来越密切。弹性力学吸收了结构力学中超静定结构的分析方法后，大大扩展了弹性力学的应用范围，使得某些比较复杂的原本无法解决的问题得到了解答。这些解答虽然在理论上具有一定的近似性，但应用在实际工程中却是足够精确的。20世纪50年代发展起来的有限单元法，把连续弹性体划分为许多有限大小的单元，这些单元在结点上联结起来，形成所谓的“离散化结构”，然后利用结构力学中的位移法、力法或混合法求解，更加显示出弹性力学和结构力学综合应用的良好效果。

此外，对于同一结构的各个构件，或者同一构件的不同部分，分别采用弹性力学、结构力学或材料力学的方法进行计算，常常可以节省很多的工作量，而所得到的结果往往是令人十分满意的。

总之，材料力学、结构力学和弹性力学这三门学科之间的界线不是十分明显的，更不是一成不变的。因此，不应当特别强调它们之间的分工，而应当根据实际问题的需要更多地发挥它们综合应用的威力。

1.2　弹性力学的应用与发展

弹性力学是固体力学的一个重要分支学科，同时，它也是其他固体力学分支学科的基础，是工程结构分析的重要手段，现已逐步形成了一套较完整的经典理论体系和方法，广泛应用于土木工程、水利工程、机械设计与制造、造船工业、海洋工程、石油工程、航空航天工程、矿业工程以及环境工程等领域，而且已发展成为解决许多工程问题必不可少的重要工具。

从弹性力学理论的萌芽开始，弹性力学至今已经有 300 多年的发展历史，而作为一门独立的学科也已有 100 多年的历史。弹性力学的发展大致可以分为以下四个时期。

1.2.1　弹性力学理论的萌芽期

弹性力学理论的萌芽期是指从 1660 年的胡克（Hooke R）实验起至柯西（Cauchy A L）1820 年提出弹性理论基本问题为止的这段时间，该时期大约经历了 160 年。此期间，科学家们提出了许多弹性体受力变形的问题，并且各自分别用自己的理论来解决一些简单构件的受力问题，并无统一的理论和方法，且主要是通过实验探索物体的受力与变形之间的关系。1678 年，胡克在大量实验的基础上，发现了弹性体的变形和受力之间呈正比的规律，后被人们称为胡克定律。1680 年，马略特（Mariotte）发现了梁的应力分布规律，并确定了中性轴的位置。1687 年，牛顿（Newton I）确立了运动三大定律。17 世纪末，伯努利（Bernoulli）提出了弹性杆挠曲线的概念；1705 年，他又给出了梁变形的平面几何假设和弯曲公式。1738 年，瑞士科学家欧拉（Euler）和伯努利在俄国彼得堡科学院出版著作，给出的梁的方程至今仍在使用；1757 年，欧拉又给出了压杆稳定公式。1773 年，法国科学家库仑（Coulomb）提出了强度理论，1776 年完成了矩形截面梁弯曲的完整理论，1784 年建立了圆轴扭转理论。1807 年，英国科学家杨（Young）给出了弹性模量定义。

1.2.2　弹性力学理论基础的建立期

一般认为，弹性力学理论基础的建立期是指从纳维（Navier C L M H）和柯西提出弹性力学的基础问题开始，到格林（Green G）和汤姆逊（Thomson W）

确立各向异性体有21个弹性系数为止的这段时期，即从1821年到1855年，历时34年。17世纪末，科学家已经着手进行杆件性能的研究，包括梁的弯曲理论、直杆的稳定和振动等，但这些成果都归属于材料力学的范畴；直到19世纪20年代，纳维和柯西建立了弹性力学的数学理论之后，才使弹性力学成为一个独立的分支。1821年法国工程师纳维通过对物体弹性的研究，从牛顿关于物质构造的概念出发，首次建立了弹性体的平衡微分方程和运动微分方程。1822年，柯西引入了弹性理论中关于一点应力状态的概念，把一点附近的变形通过6个应变分量表示出来，并导出运动方程，这些方程建立了应力分量与体积力、惯性力的关系，并假设一点的主应力方向与变形主轴方向重合。1828年，泊松（Poisson）又进一步推进、完善了弹性力学的基本方程。1822—1828年间，柯西和泊松根据旧的分子理论，证明各向异性体有15个弹性系数，而各向同性体只有1个弹性系数；而1838年，格林用能量守恒定律证明了各向异性体有21个独立的弹性系数；其后，汤姆逊又用热力学第一定律和第二定律证明了上述结果，同时，拉梅（Gabriel Lame）等再次肯定了各向同性体只有两个独立的弹性系数。他们的这些研究工作为后来弹性力学的发展奠定了坚实的理论基础。

1.2.3　弹性力学理论的发展成熟期

弹性力学理论的发展成熟期即线性各向同性体弹性力学的发展时期。在这个时期，数学家和力学家应用已建立的线弹性理论去解决大量的工程实际问题，同时，在理论方面还建立了许多定理和重要的原理，并由此推动了数学分析工作的进展，提出了许多有效的计算方法。1855年，法国科学家圣维南（Saint-Venant）利用半逆解法解决了柱体的自由转动和弯曲问题，并提出了局部性原理，即圣维南原理。1862年，艾里（Airy）提出了求解平面问题的应力函数方法。1881年，德国的赫兹（Hertz）求解出了两弹性体局部接触时弹性体内部的应力分布。1898年，德国的基尔施（Kirsch G）在计算圆孔附近的应力分布时，发现了应力集中现象，在提高机械、结构部件的设计水平方面起到了重要作用。19世纪50年代，英国麦克斯威尔（Maxwell J C）开创了光测弹性应力分析技术，又于1864年对只有两个力的简单情况提出了功的互等定理，随后，意大利贝蒂（Betti E）在1872年对该定理进行了普遍证明。1850年，克希霍夫（Kirchhoff G）解决了平板的平衡和振动问题。1873年，卡斯提利亚诺（Castigliano A）提出了卡氏第一定理和第二定理。1884 年，法国的恩格塞（Engesser F）提出了余能的概念。1903 年，德国的普朗特（Prandtl L）提出了解决扭转问题的薄膜比拟法。1877 和 1908 年，瑞利（Raylengh）和里兹（Ritz W）从弹性力学最小势能原理出发，提出了后来被称为瑞利—里兹法的变分问题直接解法。1915 年，伽辽金（Galerkin）提出了另一个十分著名的近似解法，即伽辽金法。20 世纪 30 年代，穆斯海里什维里（Muskhelishivili）发展了弹性力学问题的复变函数求解方法。在这个时期，积分变换和积分方程在弹性力学中的应用也有了新的发展。

1.2.4 弹性力学理论发展的深化期

弹性力学理论发展的深化期大致从 20 世纪 20 年代开始。在这个时期，工业技术迅猛发展，钢材及其他弹性材料的应用范围不断扩大，弹性力学由线性理论向非线性理论发展，同时也推动了弹性力学与其他学科的结合。另外，随着电子计算机的问世和广泛应用，以变分原理为基础的有限单元法已成为解决工程技术问题和进行科学研究不可或缺的技术手段；反过来，有限元技术的发展，又推动了变分原理的研究。随着自然科学理论的深入研究，新兴的边缘、交叉学科不断涌现，既丰富了弹性力学理论的内容，又表明了弹性力学在认识自然规律中不可低估的作用。

1907 年，卡门（Karman V）提出了薄板大挠度问题。1939 年，卡门和钱学森提出了薄壳的非线性稳定问题。1948—1957 年，钱伟长用摄动法处理了薄板大挠度问题。这些研究工作为非线性弹性力学的发展做出了重要贡献。在这个时期，薄壁杆件理论、薄壳理论等线性理论也有了较大的发展。1954 年和 1955 年，胡海昌和鹫津久一郎分别独立地提出了三类变量的广义势能原理和广义余能原理，学术界称之为胡海昌—鹫津久一郎变分原理。1956 年，泰勒（Turner）和克劳夫（Clough）等在分析飞机结构时，首次用三角形单元求得平面应力问题的正确解。1960 年，克劳夫首次提出了“有限单元法”的名称，开创了有限元的理论和应用研究。钱伟长在 1964—1983 年间，研究并提出了建立广义变分原理的拉氏乘子法。

在这个时期，还出现了很多新的分支和边缘学科，如各向异性和非均匀的弹性理论、非线性板壳理论和非线性弹性力学、热弹性理论、气动弹性理论、黏弹性理论、线弹性断裂力学等。这些新学科的出现，既丰富了弹性力学的内容，又促进了有关科学技术的蓬勃发展。

1.3　弹性力学的基本假定

在求解弹性力学问题时，通常是根据已知物体的形状和大小（即已知物体的边界）、物体的弹性常数、物体所受的体力、物体边界上的约束情况或面力等求解应力、应变和位移等未知量。为了由这些已知量求出未知量，首先，在弹性体区域内，分别考虑静力学、几何学和物理学三方面的条件，建立三套基本方程，即根据微分体的平衡条件建立平衡微分方程，根据微分线段上形变与位移之间的几何关系建立几何方程，根据应力与应变之间的物理关系建立物理方程；然后，在弹性体的边界上建立边界条件，即在给定面力的边界上，根据边界上微分体的平衡条件建立应力边界条件，在给定约束的边界上，根据边界上的约束条件建立位移边界条件；最后，在边界条件下求解建立的三套基本方程即可得到应力、应变和位移等未知量。

由于实际问题是极其复杂的，受多方面因素影响，所以，在建立基本方程和边界条件时，如果不分主次地精确考虑所有因素，则势必会造成数学推导上的困难；而且，由于导出的方程过于复杂，实际上也是不可能求解的。因此，为了使待研究的问题可解，通常必须按照所研究物体的性质以及求解问题的范围，引入一些基本假定，略去那些影响很小的次要因素，抓住问题的主要方面，建立一种抽象的物理模型，从而使问题的求解成为可能。

弹性力学中引入的基本假定如下。

（1）连续性假定

假定物体是连续的，即整个物体内部都被连续介质填满，物体中没有任何空隙。这样，物体内的各个物理量，如应力、应变、位移等都是连续的，因而可以用坐标的连续函数来表示其变化规律。另外，物体在变形过程中仍保持连续，变形前相邻的任意两个点在变形后仍然是相邻点，不会出现开裂或重叠现象，因而可以利用微积分的相关理论来研究这个问题。

严格地说，一切物体都是由微粒组成的，微粒和微粒之间肯定存在间隙，也就是说实际存在的物体是不符合连续性假定的，但只要微粒的尺寸以及相邻微粒之间的距离都比物体的尺寸小很多，那么就可以认为物体是连续的，而不会引起显著的误差，且这一假定已被实验证实是合理的。

（2）完全弹性假定

所谓弹性，是指“物体的形变在去除引起该形变的外力后能恢复原形”的性质；所谓完全弹性，是指“外力去除后物体能完全恢复原形而没有任何残余变形”的性质。假定物体是完全弹性的，则物体的应力与应变之间互为单值函数，且与受力过程无关，物体任一瞬时的形变完全取决于物体在这一瞬时所受的外力。对于完全弹性的物体，其应力与应变之间服从胡克定律，即应力与应变呈正比，亦即两者之间是呈线性关系的。符合弹性假定且应力和应变具有呈正比的线性关系的物体称为线弹性体。假定物体是完全弹性的，还意味着物体的各个弹性常数不随应力或应变的大小而改变，并且可以运用叠加原理。完全弹性的假定还会使弹性力学基本方程中的物理方程成为线性方程，从而使数学处理变得简单。

（3）均匀性假定

假定物体是均匀的，即假定所研究的物体是由同一类型的均匀材料组成的，因此，整个物体所有各部分的物理性质都是完全相同的，其弹性性质不随位置坐标而改变。根据这一假定，物体内任一点的弹性性质均可代表整个物体的弹性性质，即弹性常数与位置坐标无关。如果物体是由两种或两种以上的材料组成的，如混凝土，只要每种材料的颗粒远小于物体的尺寸，且在物体内均匀分布，那么从宏观意义上就可以认为它是均匀的。

（4）各向同性假定

假定物体是各向同性的，即假定物体在不同方向上具有相同的物理性质，因而物体的弹性常数（如弹性模量、泊松比）不随坐标方向的改变而改变，即物体的弹性常数与坐标轴的方向无关。单晶体是各向异性的，木材和竹材也是各向异性的。钢材由无数各向异性的晶体组成，由于晶体很微小，而且排列是杂乱无章的，因此，钢材的弹性大致是各向相同的，即从宏观意义上讲，钢材是各向同性的。

（5）小变形假定

假定物体在外界因素（如荷载作用、温度变化等）的作用下所产生的位移和变形是微小的。即假定在外力或温度变化的情况下，整个物体所有各点的位移都远小于物体原来的尺寸，因此，物体的应变和转角都远小于1。应用这个假定，可以使问题的分析大为简化。例如，在建立物体变形以后的平衡微分方程时，就可以不考虑由于变形所引起的物体尺寸和位置的变化，而方便地用变形以前的尺寸来代替变形以后的尺寸，且不致引起显著的误差；在建立几何方程和物理方程时，就可以略去转角和应变的二次和更高次幂或二次乘积以上的项。这样，弹性力学里的平衡微分方程、几何方程和物理方程就都简化为线性方程，弹性力学问题也就都简化为线性问题，因而可以应用叠加原理。

上述 5 个基本假定中，前 4 个是对物体材料的物理假定，凡是符合前 4 个基本假定的物体，就称为理想弹性体；小变形假定属于几何假定。这 5 个基本假定是弹性力学的基础和前提条件，弹性力学中推导的各基本公式以及各种应用均是在此基础上得出的，也就是说，弹性力学研究的是理想弹性体的小变形问题。

思考与练习

1-1　弹性力学的研究内容是什么？

1-2　简述弹性力学与材料力学、结构力学在研究任务、研究对象和研究方法等方面的区别与联系。

1-3　举例说明弹性力学的应用范围与作用。

1-4　简要说明弹性力学的发展历程。

1-5　简述弹性力学求解问题的思路。

1-6　弹性力学为什么要引入基本假定？引入的 5 个基本假定的内容和作用分别是什么？

1-7　举例说明哪些是均匀的各向异性体，哪些是非均匀的各向同性体，哪些是非均匀的各向异性体。

1-8　一般的混凝土构件和钢筋混凝土构件能否作为理想弹性体？一般的岩质地基和土质地基能否作为理想弹性体？

第2章

弹性体中任一点的应力状态

2.1 弹性力学的基本概念

弹性力学中的基本概念主要包括外力、应力、应变和位移，本节重点说明这些物理量的定义、表示符号、量纲、正方向以及正负号规定，并将其与材料力学中的基本概念进行比较，着重分析弹性力学与材料力学中基本物理量正负号规定的异同。

2.1.1 外力

外力是指外部其他物体对研究对象（弹性体）的作用力。按作用方式不同，外力可以分为体积力和表面力，分别简称为体力和面力。

(1) 体力

所谓体力，是指分布在物体体积内的力，如重力、惯性力等。

物体内各点所受体力的情况一般是不同的。为了表示该物体在某一点 P 所受体力的大小和方向，在这一点取物体的一小部分，它包含着 P 点而它的体积为 ΔV，如图 2-1 所示。

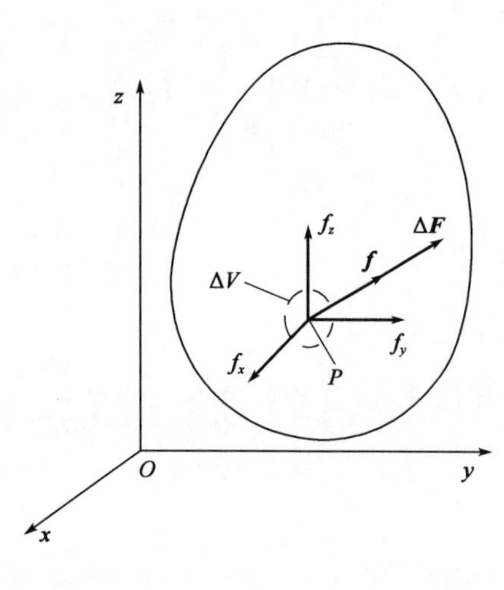

图 2-1

假设作用于该物体 ΔV 上的体力为 $\Delta \boldsymbol{F}$，则体力的平均集度为 $\Delta \boldsymbol{F}/\Delta V$。如果把所取的那一小部分物体不断减小，即 ΔV 不断减小，则 $\Delta \boldsymbol{F}$ 和 $\Delta \boldsymbol{F}/\Delta V$ 都将不断地改变大小、方向和作用点。假定体力是连续分布的，令 ΔV 无限减小而趋于 P 点，则 $\Delta \boldsymbol{F}/\Delta V$ 将趋于一个极限值 $\boldsymbol{f}$，即：

$$\lim_{\Delta V \to 0} \frac{\Delta \boldsymbol{F}}{\Delta V} = \boldsymbol{f} \tag{2-1}$$

式中，$\boldsymbol{f}$ 是矢量，即物体在 P 点所受体力的集度。因为 ΔV 是标量，所以 $\boldsymbol{f}$ 的方向就是 $\Delta \boldsymbol{F}$ 的极限方向。矢量 $\boldsymbol{f}$ 在坐标轴 x、y、z 上的分量 f_x、f_y、f_z 称为该物体在 P 点的体力分量，以沿坐标轴正方向为正，沿坐标轴负方向为负。体力分量的量纲为 $\mathrm{L}^{-2}\mathrm{MT}^{-2}$。

（2）面力

所谓面力，是指分布在物体表面上的力，如流体压力、接触力等。

物体在其表面上各点所受面力的情况一般也是不相同的。为了表示该物体在表面上某一点 P 所受面力的大小和方向，在这一点取该物体表面的一小部分，它包含着 P 点而它的面积为 ΔS，如图 2-2 所示。

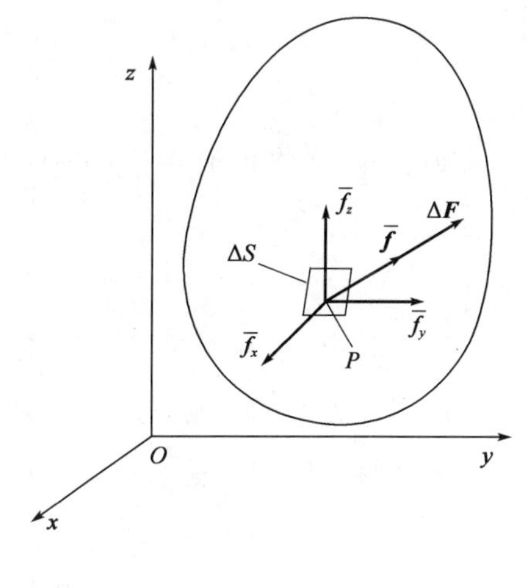

图　2-2

假设作用在该物体表面 ΔS 上的面力为 $\Delta \boldsymbol{F}$，则面力的平均集度为 $\Delta \boldsymbol{F}/\Delta S$。如果把所取的那一小部分面积不断减小，即 ΔS 不断减小，则 $\Delta \boldsymbol{F}$ 和 $\Delta \boldsymbol{F}/\Delta S$ 都将不断改变大小、方向和作用点。假定面力是连续分布的，令 ΔS 无限减小而趋于 P 点，则 $\Delta \boldsymbol{F}/\Delta S$ 将趋于一个极限值 $\bar{\boldsymbol{f}}$，即：

$$\lim_{\Delta S \to 0} \frac{\Delta \boldsymbol{F}}{\Delta S} = \bar{\boldsymbol{f}} \tag{2-2}$$

式中，$\bar{\boldsymbol{f}}$ 也是矢量，即该物体在 P 点所受面力的集度。因为 ΔS 是标量，所以 $\bar{\boldsymbol{f}}$ 的方向就是 $\Delta \boldsymbol{F}$ 的极限方向。矢量 $\bar{\boldsymbol{f}}$ 在坐标轴 x、y、z 上的分量 $\bar{f}_x$、$\bar{f}_y$、$\bar{f}_z$ 称为该物体在 P 点的面力分量，以沿坐标轴正方向为正，沿坐标轴负方向为负。面力分量的量纲为 $\mathrm{L}^{-1}\mathrm{MT}^{-2}$。

2.1.2 内力

物体受到外力作用以后，其内部将产生内力，即物体内部不同部分之间相互作用的力。

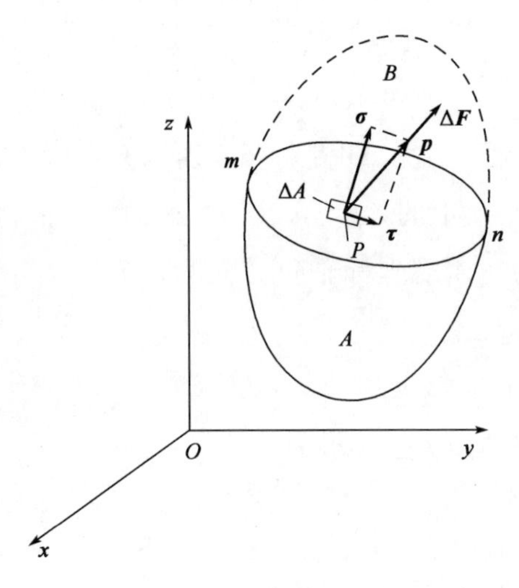

图 2-3

为了研究物体在某一点 P 处的内力，假想用经过 P 点的一个截面 mn 把该物体分为 A 和 B 两部分，如图 2-3 所示，则在切开的两个截面上，物体部分 A 和 B 相互作用着一对大小相等、方向相反的力，这就是内力。如将 B 部分移去，则移去的部分 B 将在 A 部分的截面 mn 上作用一定的内力，且为分布力。从 mn 截面上取一小部分，它包含着 P 点且面积为 ΔA。设作用在 ΔA 上的内力矢量为 $\Delta\boldsymbol{F}$，则内力的平均集度，即平均应力为 $\Delta\boldsymbol{F}/\Delta A$。假定内力是连续分布的，令 ΔA 无限减小而趋于 P 点，则 $\Delta\boldsymbol{F}/\Delta A$ 将趋于一个极限值 $\boldsymbol{p}$，即：

$$\lim_{\Delta A\to 0}\frac{\Delta\boldsymbol{F}}{\Delta A}=\boldsymbol{p} \tag{2-3}$$

式中，$\boldsymbol{p}$ 也是矢量，即该物体在截面 mn 上 P 点的应力。因为 ΔA 是标量，所以应力 $\boldsymbol{p}$ 的方向就是 $\Delta\boldsymbol{F}$ 的极限方向。任一截面上的应力 $\boldsymbol{p}$，也可分解为沿坐标轴方向的分量 p_x、p_y、p_z。

(1) 正应力与切应力

对于应力 $\boldsymbol{p}$，通常很少用它沿坐标轴方向的分量 p_x、p_y、p_z，因为这些分量与物体的形变或材料强度都没有直接关系。与物体的形变和材料强度直接相关的是应力 $\boldsymbol{p}$ 在其作用截面的法线方向及切线方向的分量，即正应力 $\boldsymbol{\sigma}$ 和切应力 $\boldsymbol{\tau}$，如图 2-3 所示。应力及其分量的量纲是 $\mathrm{L^{-1}MT^{-2}}$。

由以上分析可知，过物体内同一点 P 可以做无数个截面，不同截面上的应力是不相同的，因此，为了分析物体内任一点的应力状态，即各个截面上应力的大小和方向，在这一点从物体内取出一个微小的正平行六面体，它的棱边分别平行于三个坐标轴而长度分别为 dx、dy、dz，如图 2-4所示。由于各个微分面都很小，因此可以认为应力在各个微分面上是均匀分布的，也就是说，各微分面上的应力可以用一个作用在各微分面中心点的应力来表示。每个微分面上的应力又可分解为一个正应力和两个切应力，分别与三个坐标轴平行。

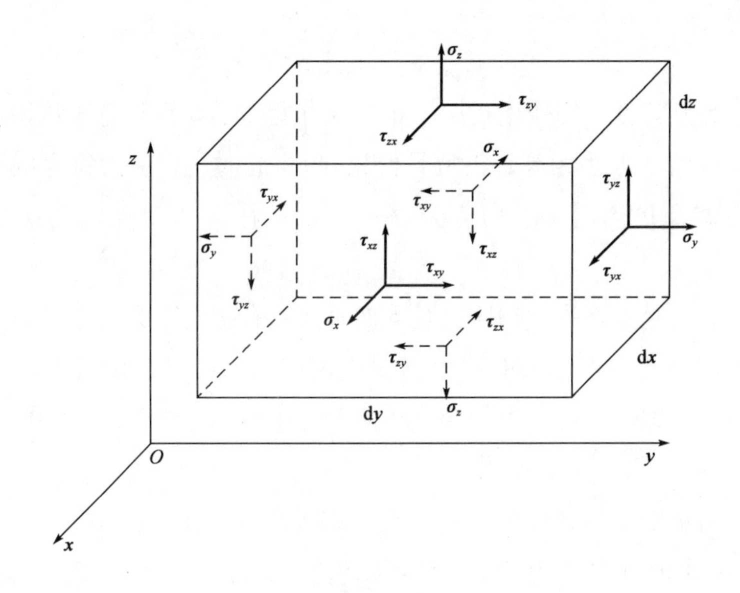

图　2-4

正应力用 σ 表示，为了表明这个正应力的作用面和作用方向，通常加上一个下标字母。例如正应力 σ_x 是作用在垂直于 x 轴的面上，同时也是沿着 x 轴的方向作用的。

切应力用τ表示，并加上两个下标字母，前一个下标字母表明作用面垂直于哪一个坐标轴，后一个字母表明作用方向沿着哪一个坐标轴。例如切应力 τ_{xy}是作用在垂直于 x 轴的面上且沿着 y 轴方向作用的。

如果某一个截面的外法线方向沿着坐标轴正方向，那么这个截面就是一个正面；相反，如果某一个截面的外法线方向沿着坐标轴负方向，那么这个截面就是一个负面。

正面上的应力以沿坐标轴正方向为正，沿坐标轴负方向为负；负面上的应力以沿坐标轴负方向为正，沿坐标轴正方向为负。按此规定，图 2-4 中所示的应力全部是正的。

（2）切应力互等性

如图 2-4 所示，以连接六面体前后两面中心的直线为矩轴，列出力矩平衡方程，得：

$$2\tau_{yz}\mathrm{d}z\mathrm{d}x\,\frac{\mathrm{d}y}{2}-2\tau_{zy}\mathrm{d}y\mathrm{d}x\,\frac{\mathrm{d}z}{2}=0 \tag{2-4}$$

同理，以连接六面体其他两对面中心的直线为矩轴，同样可以列出其余两个力矩平衡方程，化简以后，得：

$$\tau_{yz}=\tau_{zy}\,,\ \tau_{zx}=\tau_{xz}\,,\ \tau_{xy}=\tau_{yx} \tag{2-5}$$

这就是切应力互等性，即作用在两个相互垂直的面上并且垂直于该两面交线的切应力是互等的（大小相等，正负号也相同）。此时，切应力符号的两个下标字母可以对调，并且这 6 个切应力分量可以只作为 3 个独立的应力分量来考虑。

值得注意的是，在推导切应力互等性时，没有考虑应力由于位置不同而有的变化，也就是把六面体中的应力当作均匀应力，而且也没有考虑体力的作用。以后可见，即使考虑应力的变化和体力的作用，仍然可以推导出切应力互等性。

以后还将证明，在物体的任意一点，如果已知 σ_x、σ_y、σ_z、τ_{yz}、τ_{zx}、τ_{xy} 这 6 个直角坐标面上的应力分量，就可以求得经过该点的任意截面上的正应力和切应力，因此，这 6 个应力分量可以完全确定该点的应力状态。

（3）弹性力学与材料力学中应力正负号规定的比较

在材料力学中，正应力以拉应力为正，压应力为负；切应力以其对截面内一点产生顺时针方向的力矩时为正，反之为负。对比弹性力学与材料力学中关于应力正负号的规定可以发现，两者对于正应力的正负号规定是一致的，而切应力的正负号规定却不完全相同，如图 2-5 所示。

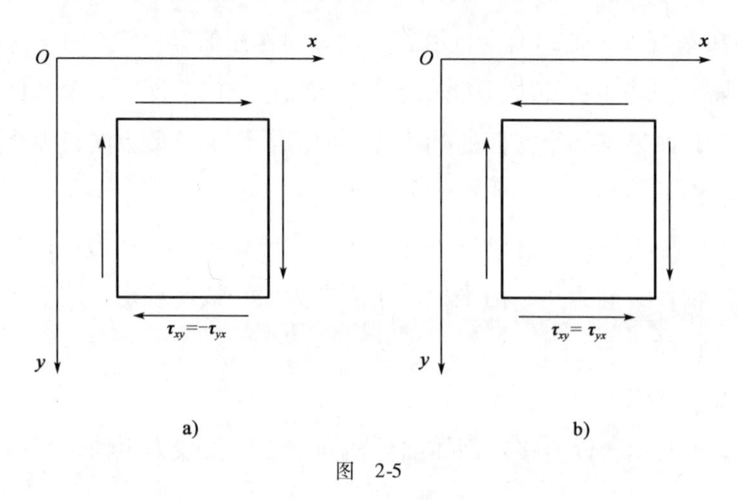

图 2-5

a）材料力学中切应力的正方向；b）弹性力学中切应力的正方向

弹性力学与材料力学关于切应力正负号规定不一致的主要原因是，材料力学的研究对象主要是平面问题，可以清楚地标明顺时针指向，并且可方便地将其正负号规定用于莫尔圆来求解斜面上的应力。而弹性力学的研究对象不仅有平面问题，还有空间问题；弹性力学也不再利用莫尔圆方法求解斜面上的应力；在表示切应力的互等性时，用弹性力学关于切应力的正负号规定时更加简便，如$\tau_{xy}=\tau_{yx}$、$\tau_{yz}=\tau_{zy}$、$\tau_{zx}=\tau_{xz}$，等式两边的切应力不仅数值相等，而且正负号也一致。但如果采用材料力学关于切应力的正负号规定，则切应力的互等性将表示成$\tau_{xy}=-\tau_{yx}$、$\tau_{yz}=-\tau_{zy}$、$\tau_{zx}=-\tau_{xz}$，显然比较繁琐。

2.1.3　形变

所谓形变，就是物体形状的改变。由于物体的形状可以用它各部分的长度和角度来表示，因此物体的形变可以归结为长度的改变和角度的改变，即线应变和切应变。

（1）线应变

物体变形以后，正平行六面体（图2-4）每边长单位长度的相对伸缩，称为线应变，也称正应变，用ε表示。ε_x表示x方向线段的线应变，其余类推。线应变以伸长时为正，缩短时为负。线应变是量纲一的量。

（2）切应变

物体变形以后，正平行六面体（图2-4）各边之间直角的改变，称为切应变，用γ表示（单位为弧度）。γ_{yz}表示y与z两正方向线段之间直角的改变，其余类推。切应变以直角变小时为正，变大时为负。切应变也是量纲一的量。

可以证明，在物体的任意一点，如果已知ε_x、ε_y、ε_z、γ_{yz}、γ_{zx}、γ_{xy}这6个直角坐标方向线段的应变分量，就可以求得经过该点的任一线段的线应变，也可以求得经过该点的任意两个线段之间的角度的改变量。因此，这6个应变分量完全可以确定该点的形变状态。

2.1.4　位移

所谓位移，就是物体内任一点位置的移动。物体内任一点的位移，可以用它在x、y、z坐标轴上的位移分量u、v、w来表示，以沿坐标轴正方向为正，沿坐标轴负方向为负。位移及其分量的量纲都是L。

2.2 平面问题中任一点的应力状态

分析平面问题中任一点的应力状态，就是假定已知任一点 P 处各直角坐标面上的应力分量 σ_x、σ_y、$\tau_{xy}=\tau_{yx}$，求经过该点的、平行于 z 轴而倾斜于 x 轴和 y 轴的任何截面上的应力，如图 2-6a）所示。它可以表示成斜面上沿 x 轴和 y 轴的应力分量（p_x，p_y）、斜面上的正应力和切应力（σ_n，τ_n）、主应力（σ_1，σ_2）与应力主向、最大、最小的正应力和最大、最小的切应力等各种不同的形式。

为此，在 P 点附近取一个平面 AB，它平行于上述斜面，并与经过 P 点的 x 面 PB 和 y 面 PA 画出一个微小的三角板或三棱柱 PAB，如图 2-6b）所示。当面积 AB 无限减小并趋于 P 点时，平面 AB 上的应力就成为上述斜面上的应力。

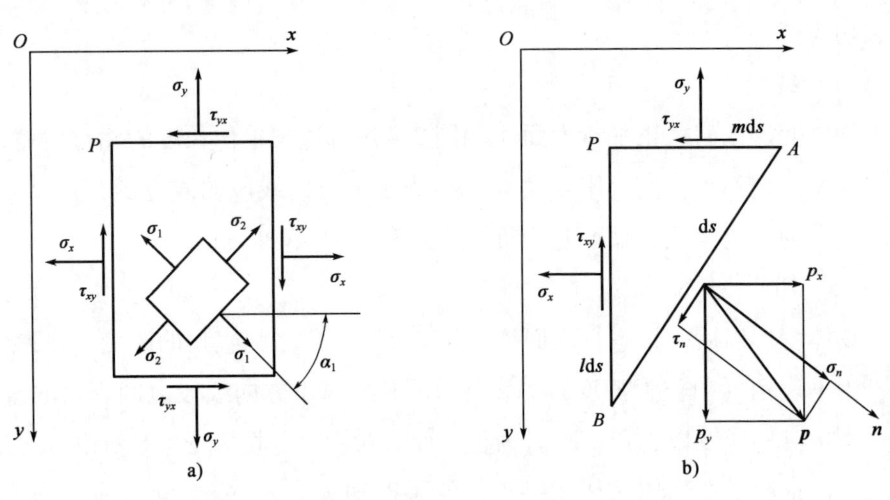

图 2-6

（1）斜面 AB 上的全应力 $\boldsymbol{p}$ 在 x 轴和 y 轴上的投影 p_x 及 p_y

如图 2-6b）所示，用 n 代表斜面 AB 的外法线方向，其方向余弦为：

$$\cos(n,\ x)\ =l,\qquad \cos(n,\ y)\ =m \tag{2-6}$$

设斜面 AB 的长度为 $\mathrm{d}s$，则 PB 面和 PA 面的长度分别为 $l\mathrm{d}s$ 和 $m\mathrm{d}s$，三角形 PAB 的面积为 $l\mathrm{d}sm\mathrm{d}s/2$。垂直于图平面的尺寸取为一个单位长度，由平衡条件 $\sum F_x=0$ 得：

$$p_x\mathrm{d}s-\sigma_x l\mathrm{d}s-\tau_{xy}m\mathrm{d}s+f_x\frac{l\mathrm{d}sm\mathrm{d}s}{2}=0 \tag{2-7}$$

式中，f_x 为 x 方向的体力分量。

将上式除以 ds，然后令 ds 趋于零（即令斜面 AB 趋于 P 点），得：

$$p_x = l\sigma_x + m\tau_{xy} \tag{2-8}$$

同理，可以由 $\sum F_y = 0$ 得出另一个相似的方程，即总共可以得到两个方程：

$$p_x = l\sigma_x + m\tau_{xy}, \qquad p_y = m\sigma_y + l\tau_{xy} \tag{2-9}$$

（2）斜面 AB 上的正应力 σ_n 和切应力 τ_n

为了求出斜面 AB 上的正应力 σ_n 和切应力 τ_n，将 p_x 和 p_y 分别向正应力 σ_n 和切应力 τ_n 的方向进行投影，可得：

$$\sigma_n = lp_x + mp_y, \qquad \tau_n = lp_y - mp_x \tag{2-10}$$

将式（2-9）代入，即得：

$$\sigma_n = l^2\sigma_x + m^2\sigma_y + 2lm\tau_{xy}, \qquad \tau_n = lm(\sigma_y - \sigma_x) + (l^2 - m^2)\tau_{xy} \tag{2-11}$$

（3）斜面 AB 上的主应力和应力主向

如果经过 P 点的某一斜面上的切应力为零，那么该斜面上的正应力就称为在 P 点的一个主应力，而该斜面则称为在 P 点的一个应力主面，该斜面的法线方向（即主应力的方向）就称为在 P 点的一个应力主向。

在一个应力主面上，由于切应力等于零，全应力就等于该面上的正应力，也就等于主应力 σ，因此，该面上的全应力在坐标轴上的投影则为：

$$p_x = l\sigma, \qquad p_y = m\sigma \tag{2-12}$$

将式（2-9）代入，即得：

$$l\sigma_x + m\tau_{xy} = l\sigma, \qquad m\sigma_y + l\tau_{xy} = m\sigma \tag{2-13}$$

由以上两式分别解出比值 m/l，得到：

$$\frac{m}{l} = \frac{\sigma - \sigma_x}{\tau_{xy}}, \qquad \frac{m}{l} = \frac{\tau_{xy}}{\sigma - \sigma_y} \tag{2-14}$$

由于上列两式的等号左边都是 m/l，因而它们的等号右边也应该相等，于是可得 σ 的二次方程：

$$\sigma^2 - (\sigma_x + \sigma_y)\sigma + (\sigma_x\sigma_y - \tau_{xy}^2) = 0 \tag{2-15}$$

从而求得两个主应力为：

$$\left.\begin{matrix}\sigma_1\\ \sigma_2\end{matrix}\right\} = \frac{\sigma_x + \sigma_y}{2} \pm \sqrt{\left(\frac{\sigma_x - \sigma_y}{2}\right)^2 + \tau_{xy}^2} \tag{2-16}$$

由于根号内的数值（两个数的平方之和）总是正的，所以 σ_1 和 σ_2 这两个根都是实根。另外，由式（2-16）可以看出下列关系式成立：

$$\sigma_1 + \sigma_2 = \sigma_x + \sigma_y \tag{2-17}$$

下面来求主应力的方向。如图2-6a）所示，设 σ_1 与 x 轴的夹角为 α_1，则：

$$\tan\alpha_1 = \frac{\sin\alpha_1}{\cos\alpha_1} = \frac{\cos(90° - \alpha_1)}{\cos\alpha_1} = \frac{m_1}{l_1} \tag{2-18}$$

利用式（2-14）中的第一式，即得：

$$\tan\alpha_1 = \frac{\sigma_1 - \sigma_x}{\tau_{xy}} \tag{2-19}$$

同理，设 σ_2 与 x 轴的夹角为 α_2，则：

$$\tan\alpha_2 = \frac{\sin\alpha_2}{\cos\alpha_2} = \frac{\cos(90° - \alpha_2)}{\cos\alpha_2} = \frac{m_2}{l_2} \tag{2-20}$$

利用式（2-14）中的第二式，即得：

$$\tan\alpha_2 = \frac{\tau_{xy}}{\sigma_2 - \sigma_y} \tag{2-21}$$

由式（2-17）可得 $\sigma_2 - \sigma_y = -(\sigma_1 - \sigma_x)$，并代入式（2-21）可得：

$$\tan\alpha_2 = -\frac{\tau_{xy}}{\sigma_1 - \sigma_x} \tag{2-22}$$

于是由式（2-19）和式（2-22）可得：

$$\tan\alpha_1 \tan\alpha_2 = -1 \tag{2-23}$$

这就说明 σ_1 的方向与 σ_2 的方向相互垂直，如图2-6a）所示。

（4）最大与最小的正应力

如果已经求得任一点的两个主应力 σ_1 和 σ_2，以及与之对应的应力主向，就可以求得这一点的最大与最小的正应力。为了计算简便，将 x 轴和 y 轴分别放在 σ_1 和 σ_2 的方向上，于是有：

$$\tau_{xy} = 0, \qquad \sigma_x = \sigma_1, \qquad \sigma_y = \sigma_2 \tag{2-24}$$

由式（2-11）的第一式及式（2-24）可得：

$$\sigma_n = l^2\sigma_1 + m^2\sigma_2 \tag{2-25}$$

利用关系式 $l^2 + m^2 = 1$ 消去 m^2，可得：

$$\sigma_n = l^2\sigma_1 + (1 - l^2)\sigma_2 = l^2(\sigma_1 - \sigma_2) + \sigma_2 \tag{2-26}$$

由于 l^2 的最大值为1，最小值为0，因此，σ_n 的最大值为 σ_1，最小值为 σ_2。也就是说，两个主应力 σ_1 和 σ_2 分别就是最大与最小的正应力，即：

$$\sigma_{n\max}=\sigma_1,\qquad \sigma_{n\min}=\sigma_2 \tag{2-27}$$

（5）最大与最小的切应力

进一步，由式（2-11）的第二式和式（2-24）可知，任一斜面上的切应力为：

$$\tau_n=lm(\sigma_2-\sigma_1) \tag{2-28}$$

用关系式 $l^2+m^2=1$ 消去 m，得：

$$\begin{aligned}\tau_n &= \pm l\sqrt{1-l^2}\ (\sigma_2-\sigma_1)\ =\pm\sqrt{l^2-l^4}\ (\sigma_2-\sigma_1)\\ &=\pm\sqrt{\frac{1}{4}-\left(\frac{1}{2}-l^2\right)^2}\ (\sigma_2-\sigma_1)\end{aligned} \tag{2-29}$$

由上式可见，当$\frac{1}{2}-l^2=0$时，τ_n 取最大或最小值，即当 $l=\pm\sqrt{\frac{1}{2}}$时，最大与最小的切应力为$\pm\frac{\sigma_1-\sigma_2}{2}$，发生在与 x 轴及 y 轴（即应力主向）成 45°的斜面上：

$$\tau_{n\max}=\frac{\sigma_1-\sigma_2}{2},\qquad \tau_{n\min}=-\frac{\sigma_1-\sigma_2}{2} \tag{2-30}$$

2.3　空间问题中任一点的应力状态

对于空间问题，假定物体在任一点 P 的 6 个直角坐标面上的应力分量 σ_x、σ_y、σ_z、$\tau_{yz}=\tau_{zy}$、$\tau_{zx}=\tau_{xz}$、$\tau_{xy}=\tau_{yx}$是已知的，求经过 P 点的任一斜面上的应力。为此，在 P 点附近取一个平面 ABC 平行于这一斜面，并与经过 P 点的三个坐标面形成一个微小的四面体 $PABC$，如图 2-7 所示。当四面体 $PABC$ 无限缩小而趋于 P 点时，平面 ABC 上的应力就成为该斜面上的应力。

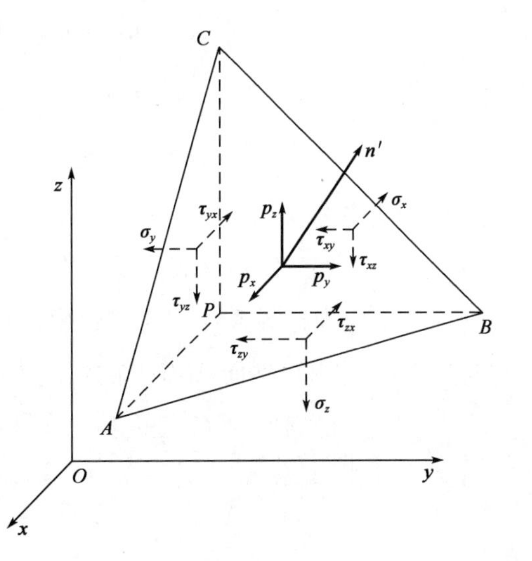

图　2-7

（1）斜面 ABC 上的全应力 $\boldsymbol{p}$ 在坐标轴上的投影 p_x、p_y 和 p_z

令平面 ABC 的外法线为 n'，其方向余弦为：

$$\cos(n', x) = l, \qquad \cos(n', y) = m, \qquad \cos(n', z) = n \tag{2-31}$$

设三角形 ABC 的面积为 $\mathrm{d}S$，则三角形 BPC、CPA 和 APB 的面积分别为 $l\mathrm{d}S$、$m\mathrm{d}S$ 和 $n\mathrm{d}S$。四面体 $PABC$ 的体积用 $\mathrm{d}V$ 表示。设斜面 ABC 上的全应力 $\boldsymbol{p}$ 在坐标轴上的投影分别为 p_x、p_y 和 p_z，根据四面体的平衡条件 $\sum F_x = 0$，得：

$$p_x \mathrm{d}S - \sigma_x l \mathrm{d}S - \tau_{yx} m \mathrm{d}S - \tau_{zx} n \mathrm{d}S + f_x \mathrm{d}V = 0 \tag{2-32}$$

将上式除以 $\mathrm{d}S$，并移项，得：

$$p_x + f_x \frac{\mathrm{d}V}{\mathrm{d}S} = l\sigma_x + m\tau_{yx} + n\tau_{zx} \tag{2-33}$$

当四面体 $PABC$ 无限减小而趋于 P 点时，由于 $\mathrm{d}V$ 是比 $\mathrm{d}S$ 更高一阶的微量，所以 $\frac{\mathrm{d}V}{\mathrm{d}S}$ 趋于零。因此，式（2-33）化简为：

$$p_x = l\sigma_x + m\tau_{yx} + n\tau_{zx} \tag{2-34}$$

同理，由四面体的平衡条件 $\sum F_y = 0$ 和 $\sum F_z = 0$ 可以得到另外两个类似的方程，综合在一起，即：

$$\left.\begin{aligned} p_x &= l\sigma_x + m\tau_{yx} + n\tau_{zx} \\ p_y &= m\sigma_y + n\tau_{zy} + l\tau_{xy} \\ p_z &= n\sigma_z + l\tau_{xz} + m\tau_{yz} \end{aligned}\right\} \tag{2-35}$$

需要特别说明的是，如果斜面 ABC 是物体受面力作用的边界面 s_σ，则 p_x、p_y 和 p_z 就等于面力分量 $\bar{f}_x$、$\bar{f}_y$ 和 $\bar{f}_z$，于是由式（2-35）可得：

$$\left.\begin{aligned} (l\sigma_x + m\tau_{yx} + n\tau_{zx})_s &= \bar{f}_x \\ (m\sigma_y + n\tau_{zy} + l\tau_{xy})_s &= \bar{f}_y \\ (n\sigma_z + l\tau_{xz} + m\tau_{yz})_s &= \bar{f}_z \end{aligned}\right\} \quad （在 s_\sigma 上） \tag{2-36}$$

式中，$(\sigma_x)_s$、$(\sigma_y)_s$、$(\sigma_z)_s$、$(\tau_{zx})_s$、$(\tau_{xy})_s$、$(\tau_{yz})_s$ 是应力分量的边界值。

式（2-36）表明了应力分量的边界值与面力分量之间的关系，即空间问题的应力边界条件，这在后续空间问题的学习过程中将会再次提及。

（2）斜面 ABC 上的正应力 σ_n 和切应力 τ_n

设斜面 ABC 上的正应力为 σ_n，则：

$$\sigma_n = lp_x + mp_y + np_z \tag{2-37}$$

将式（2-35）代入，并分别用τ_{yz}、τ_{zx}、τ_{xy}代替τ_{zy}、τ_{xz}、τ_{yx}，可得：

$$\sigma_n = l^2\sigma_x + m^2\sigma_y + n^2\sigma_z + 2mn\tau_{yz} + 2nl\tau_{zx} + 2lm\tau_{xy} \tag{2-38}$$

设斜面 ABC 上的切应力为τ_n，则由于：

$$p^2 = \sigma_n^2 + \tau_n^2 = p_x^2 + p_y^2 + p_z^2 \tag{2-39}$$

化简可得：

$$\tau_n^2 = p_x^2 + p_y^2 + p_z^2 - \sigma_n^2 \tag{2-40}$$

由式（2-38）和式（2-40）可知，在物体内的任意一点，如果已知坐标面上的 6 个应力分量σ_x、σ_y、σ_z、τ_{yz}、τ_{zx}、τ_{xy}，就可以求得经过该点的任一斜面上的正应力σ_n和切应力τ_n，因此，可以说 6 个应力分量完全可以决定一点的应力状态。

【例 2-1】　已知弹性体内一点的应力分量为：$\sigma_x = 50\text{MPa}$、$\sigma_y = 0$，$\sigma_z = -30\text{MPa}$、$\tau_{yz} = -75\text{MPa}$、$\tau_{zx} = 80\text{MPa}$、$\tau_{xy} = 50\text{MPa}$，试计算方向余弦 $l = \frac{1}{2}$、$m = \frac{1}{2}$、$n = \frac{1}{\sqrt{2}}$ 的斜面上的全应力、正应力和切应力。

【解】　①先计算 p_x、p_y、p_z。由式（2-35）计算可得：

$$p_x = l\sigma_x + m\tau_{yx} + n\tau_{zx} = \frac{1}{2}\times 50 + \frac{1}{2}\times 50 + \frac{1}{\sqrt{2}}\times 80 = 106.6\text{MPa}$$

$$p_y = m\sigma_y + n\tau_{zy} + l\tau_{xy} = \frac{1}{2}\times 0 + \frac{1}{\sqrt{2}}\times(-75) + \frac{1}{2}\times 50 = -28\text{MPa}$$

$$p_z = n\sigma_z + l\tau_{xz} + m\tau_{yz} = \frac{1}{\sqrt{2}}\times(-30) + \frac{1}{2}\times 80 + \frac{1}{2}\times(-75) = -18.7\text{MPa}$$

②再计算斜面上的全应力。

$$p = \sqrt{p_x^2 + p_y^2 + p_z^2} = \sqrt{106.6^2 + (-28)^2 + (-18.7)^2} = 111.8\text{MPa}$$

③最后计算斜面上的正应力和切应力。由式（2-37）计算可得：

$$\sigma_n = lp_x + mp_y + np_z = \frac{1}{2}\times 106.6 + \frac{1}{2}\times(-28) + \frac{1}{\sqrt{2}}\times(-18.7) = 26.1\text{MPa}$$

再由式（2-40）计算可得：

$$\tau_n = \sqrt{p_x^2 + p_y^2 + p_z^2 - \sigma_n^2} = \sqrt{111.8^2 - 26.1^2} = 108.7\text{MPa}$$

（3）斜面 ABC 上的主应力和应力主向

如果经过 P 点的某一斜面上的切应力为零，则该斜面上的正应力称为在 P

点的一个主应力，而该斜面称为在 P 点的一个应力主面，该斜面的法线方向称为在 P 点的一个应力主向。

假设在 P 点有一个应力主面存在，那么，由于该面上的切应力等于零，所以该面上的全应力 p 就等于该面上的正应力 σ_n，也就等于主应力 σ。于是全应力 p 在坐标轴上的投影成为：

$$p_x = l\sigma, \qquad p_y = m\sigma, \qquad p_z = n\sigma \tag{2-41}$$

将式（2-35）代入，即得：

$$\left.\begin{aligned} l\sigma_x + m\tau_{yx} + n\tau_{zx} &= l\sigma \\ m\sigma_y + n\tau_{zy} + l\tau_{xy} &= m\sigma \\ n\sigma_z + l\tau_{xz} + m\tau_{yz} &= n\sigma \end{aligned}\right\} \tag{2-42}$$

为方便求解，将式（2-42）改写为：

$$\left.\begin{aligned} (\sigma_x - \sigma)l + \tau_{yx}m + \tau_{zx}n &= 0 \\ \tau_{xy}l + (\sigma_y - \sigma)m + \tau_{zy}n &= 0 \\ \tau_{xz}l + \tau_{yz}m + (\sigma_z - \sigma)n &= 0 \end{aligned}\right\} \tag{2-43}$$

可以看出，式（2-43）是关于 l、m、n 的齐次线性方程组。

另有方向余弦关系式：

$$l^2 + m^2 + n^2 = 1 \tag{2-44}$$

由式（2-44）可知，l、m、n 不能全等于零，因此，式（2-43）中三个方程的系数行列式应该等于零，即：

$$\begin{vmatrix} \sigma_x - \sigma & \tau_{yx} & \tau_{zx} \\ \tau_{xy} & \sigma_y - \sigma & \tau_{zy} \\ \tau_{xz} & \tau_{yz} & \sigma_z - \sigma \end{vmatrix} = 0 \tag{2-45}$$

用 τ_{yz}、τ_{zx}、τ_{xy} 代替 τ_{zy}、τ_{xz}、τ_{yx}，将行列式展开，可得 σ 的三次方程，即：

$$\begin{aligned} &\sigma^3 - (\sigma_x + \sigma_y + \sigma_z)\sigma^2 + (\sigma_y\sigma_z + \sigma_z\sigma_x + \sigma_x\sigma_y - \tau_{yz}^2 - \tau_{zx}^2 - \tau_{xy}^2)\sigma - \\ &\qquad (\sigma_x\sigma_y\sigma_z - \sigma_x\tau_{yz}^2 - \sigma_y\tau_{zx}^2 - \sigma_z\tau_{xy}^2 + 2\tau_{yz}\tau_{zx}\tau_{xy}) = 0 \end{aligned} \tag{2-46}$$

求解方程（2-46），如果能得出 σ 的三个实根 σ_1、σ_2、σ_3，那么这三个实根就是 P 点的 3 个主应力。

为了求得与主应力 σ_1 相应的方向余弦 l_1、m_1、n_1，可以利用式（2-43）中的任意两式，例如，利用其中的前两式，可得：

$$(\sigma_x - \sigma_1)l_1 + \tau_{yx}m_1 + \tau_{zx}n_1 = 0, \quad \tau_{xy}l_1 + (\sigma_y - \sigma_1)m_1 + \tau_{zy}n_1 = 0 \tag{2-47}$$

将上列两式均除以 l_1，得：

$$\tau_{yx}\frac{m_1}{l_1} + \tau_{zx}\frac{n_1}{l_1} + (\sigma_x - \sigma_1) = 0, \quad (\sigma_y - \sigma_1)\frac{m_1}{l_1} + \tau_{zy}\frac{n_1}{l_1} + \tau_{xy} = 0 \tag{2-48}$$

由式（2-48）可解得比值$\frac{m_1}{l_1}$和$\frac{n_1}{l_1}$，考虑式（2-44），可解得：

$$l_1 = \frac{1}{\sqrt{1 + \left(\frac{m_1}{l_1}\right)^2 + \left(\frac{n_1}{l_1}\right)^2}} \tag{2-49}$$

再由已经求解出的比值$\frac{m_1}{l_1}$和$\frac{n_1}{l_1}$求得 m_1 和 n_1。

同理，可求解出与主应力 σ_2 相应的 l_2、m_2、n_2，以及与 σ_3 相应的 l_3、m_3、n_3。

可以证明，在受力物体内的任意一点，一定存在三个互相垂直的应力主面以及对应的三个主应力。

三次方程（2-46）又可以写成根式方程，即：

$$(\sigma - \sigma_1)(\sigma - \sigma_2)(\sigma - \sigma_3) = 0 \tag{2-50}$$

将式（2-50）展开，并与式（2-46）比较 σ^2 项的系数，得：

$$\sigma_1 + \sigma_2 + \sigma_3 = \sigma_x + \sigma_y + \sigma_z \tag{2-51}$$

由式（2-51）可知，在受力物体内的任意一点，三个互相垂直的面上的正应力之和是不变量（不随坐标系而变的量），并且等于该点的三个主应力之和。

【例 2-2】　已知弹性体内某一点的应力分量为：$\sigma_x = -10\text{MPa}$、$\sigma_y = -50\text{MPa}$、$\sigma_z = 12\text{MPa}$、$\tau_{yz} = \tau_{zx} = 0$、$\tau_{xy} = -15\text{MPa}$，试求该点的主应力和应力主向。

【解】　①先计算主应力。由式（2-45）列出行列式：

$$\begin{vmatrix} -10-\sigma & -15 & 0 \\ -15 & -50-\sigma & 0 \\ 0 & 0 & 12-\sigma \end{vmatrix} = 0$$

用代数余子式展开上式，可得：

$$(12-\sigma)[(10+\sigma)(50+\sigma)-15^2]=0$$

解得主应力为：

$$\sigma_1=12\text{MPa},\qquad \sigma_2=-5\text{MPa},\qquad \sigma_3=-55\text{MPa}$$

②再计算应力主向。

求第一应力主向：将 $\sigma_1=12\text{MPa}$ 及各应力分量代入式（2-43），再与式（2-44）联立，可得：

$$\left.\begin{aligned}-22l-15m&=0\\-15l-62m&=0\\l^2+m^2+n^2&=1\end{aligned}\right\}$$

求解上列方程组，可得：

$$l_1=0,\qquad m_1=0,\qquad n_1=\pm1$$

求第二应力主向：将 $\sigma_2=-5\text{MPa}$ 及各应力分量代入式（2-43），再与式（2-44）联立，可得：

$$\left.\begin{aligned}-5l-15m&=0\\17n&=0\\l^2+m^2+n^2&=1\end{aligned}\right\}$$

求解上列方程组，可得：

$$l_2=\pm\frac{3}{\sqrt{10}},\qquad m_2=\mp\frac{1}{\sqrt{10}},\qquad n_2=0$$

同理，将 $\sigma_3=-55\text{MPa}$ 及各应力分量代入式（2-43），再与式（2-44）联立，可得：

$$l_3=\pm\frac{1}{\sqrt{10}},\qquad m_3=\mp\frac{3}{\sqrt{10}},\qquad n_3=0$$

（4）最大、最小的正应力以及最大、最小的切应力

可以证明，三个主应力中最大的一个就是该点的最大正应力，而三个主应力中最小的一个就是该点的最小正应力。

由此可见，在三个主应力相等的特殊情况下，所有各截面上的正应力都相同（等于主应力），而切应力都等于零。

还可以证明，最大与最小的切应力，在数值上等于最大主应力与最小主应力之差的一半，作用在通过中间主应力并且“平分最大主应力与最小主应力的夹角”的平面上。

思考与练习

2-1　简述弹性力学和材料力学中关于切应力正负号规定的区别。

2-2　简述应力和面力的正负号规定的区别。

2-3　什么是一点的应力状态？如何表示一点的应力状态？

2-4　试画出图2-8中矩形薄板的正的体力、面力和应力的方向。

2-5　试画出图2-9中三角形薄板的正的体力和面力的方向。

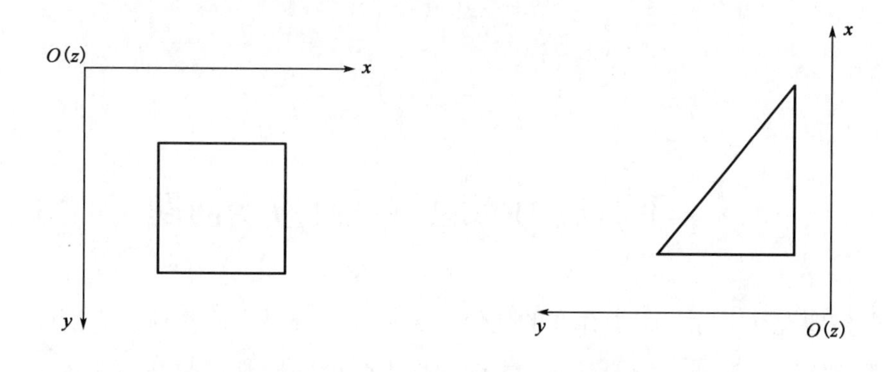

图　2-8　　　　图　2-9

2-6　试证明：平面问题中，在发生最大与最小切应力的面上，正应力的数值等于两个主应力的平均值。

2-7　设平面问题中一点的应力分量为 $\sigma_x = 100$、$\sigma_y = 50$、$\tau_{xy} = 10\sqrt{50}$，试求 σ_1、σ_2 和 α_1。

2-8　试证明：空间问题中，在与3个主应力成相同角度的面上，正应力等于3个主应力的平均值。

2-9　已知 $\sigma_x = \sigma_1$、$\sigma_y = \sigma_2$、$\sigma_z = \tau_{yz} = \tau_{zx} = \tau_{xy} = 0$，试求与 xy 平面垂直的任意斜面上的正应力和切应力。

2-10　已知物体内一点的应力分量为 $\sigma_x = 50\text{MPa}$、$\sigma_y = 0$、$\sigma_z = -40\text{MPa}$、$\tau_{yz} = 20\text{MPa}$、$\tau_{zx} = 0$、$\tau_{xy} = 15\text{MPa}$，试求该点的主应力和应力主向。

第3章

弹性力学平面问题的建立

3.1 平面应力问题与平面应变问题

严格地说，实际工程中存在的任何一个弹性体都是空间物体，它所受到的外力都是空间力系。一般情况下，求解弹性力学的问题都可归结为求解偏微分方程组的边值问题，这样的求解工作往往是非常复杂和困难的。但是，如果工程问题中某些结构的形状和受力、约束情况具有一定的特点，只要经过适当的简化和力学的抽象化处理，就可以把空间问题简化为近似的平面问题。这种简化会使分析和计算的工作量大大减小，而所得到的解答仍能满足工程上对其精度的要求。平面问题可以分为两种，即平面应力问题和平面应变问题。

3.1.1 平面应力问题

设有很薄的等厚度薄板，如图 3-1 所示，只在板边上受有平行于板面并且不沿厚度变化的面力或约束，同时，体力也平行于板面并且不沿厚度变化。

设薄板的厚度为δ，以薄板的中面为 xy 面，以垂直于中面的任一直线为 z 轴。因为板面上（$z = \pm\delta/2$）不受力，所以有：

$$(\sigma_z)_{z=\pm\delta/2}=0,\qquad (\tau_{zx})_{z=\pm\delta/2}=0,\qquad (\tau_{zy})_{z=\pm\delta/2}=0$$

由于板很薄，外力不沿厚度变化，应力沿着板的厚度又是连续分布的，因此，可以认为在整个薄板的所有各点都有：

$$\sigma_z=0,\qquad \tau_{zx}=0,\qquad \tau_{zy}=0$$

考虑切应力的互等性，可得$\tau_{xz}=0$、$\tau_{yz}=0$，这样，就只剩下平行于 xy 面的三个平面应力分量，即σ_x、σ_y、$\tau_{xy}=\tau_{yx}$。因为板很薄，作用于板上的外力和约束都不沿厚度变化，所以这三个应力分量以及相应的形变分量都可以认为是不沿厚度变化的，也就是说，它们只是 x 和 y 的函数，不随 z 而变化，这种问题就是平面应力问题。

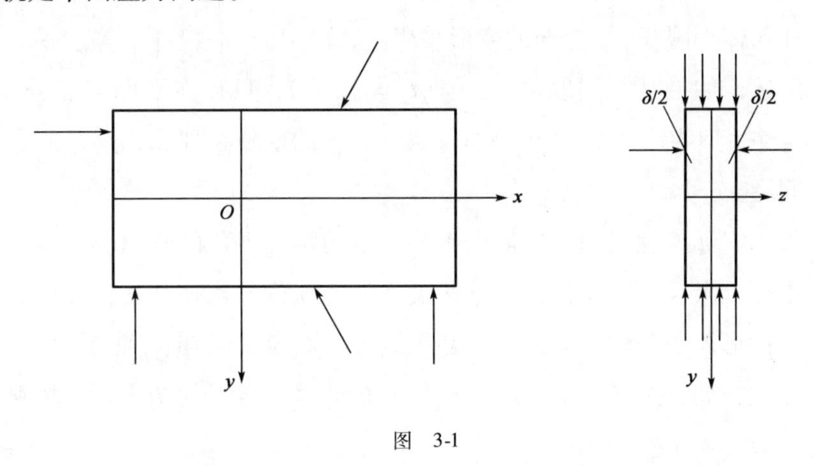

图　3-1

归纳起来，如果某一问题中，$\sigma_z=\tau_{zx}=\tau_{zy}=0$，只存在平面应力分量$\sigma_x$、$\sigma_y$、$\tau_{xy}=\tau_{yx}$，且它们不沿 z 方向变化，而仅为 x 和 y 的函数，那么，这个问题就是平面应力问题。

3.1.2　平面应变问题

设有很长的等截面柱形体，如图 3-2 所示，在柱面上受有平行于横截面而且不沿长度变化的面力或约束，同时，体力也平行于横截面而且不沿长度变化，即内在因素和外界作用都不沿长度变化。

假设该柱形体为无限长，以柱形体的任一横截面为 xy 面，任一纵线为 z 轴，则所有应力分量、形变分量和位移分量都不沿 z 方向变化，而只是 x 和 y 的函数。在这种情况下，由于对称（任一横截面都可以看作是对称面），所有各点都只能沿 x 和 y 方向移动，而不会有 z 方向的位移，即只有 u 和 v，且 $w=0$。由于所有各点的位移矢量都平行于 xy 面，所以，这种问题也称为平面位移问题。

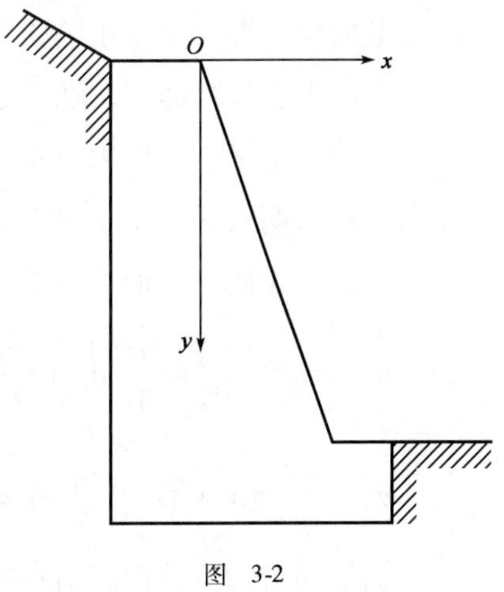

图　3-2

由对称性还可以得知：$\tau_{zx}=0$，$\tau_{zy}=0$。根据切应力的互等性，又可得到 $\tau_{xz}=0$，$\tau_{yz}=0$。利用胡克定律可知，相应的切应变 $\gamma_{zx}=\gamma_{zy}=0$。由于 z 方向的位移 $w=0$，则有 $\varepsilon_z=0$。因此，只剩下平行于 xy 面的三个形变分量，即 ε_x、ε_y、γ_{xy}，所以，平面位移问题习惯上被称为平面应变问题。

由于柱形体无限长，z 方向的变形被阻止，所以 σ_z 一般并不等于零。

综上所述，如果某一问题中，$\varepsilon_z=\gamma_{zx}=\gamma_{zy}=0$，只存在平面应变分量 ε_x、ε_y、γ_{xy}，且它们不沿 z 方向变化，而仅为 x 和 y 的函数，那么，这个问题就是平面应变问题。

对于很多实际工程问题，例如挡土墙、重力坝、很长的管道和隧洞等，虽然其结构不是无限长的，而且在靠近两端之处的横截面也往往是变化的，并不符合无限长柱形体的条件，但这些问题很接近平面应变问题。实践证明，对于离开两端较远之处，按平面应变问题进行分析计算，得出的结果是可以满足工程要求的。

3.2 平衡微分方程

弹性力学分析问题时，通常要考虑静力学、几何学和物理学三方面条件，分别建立三套方程，再对这些方程进行求解。平衡微分方程是从静力学条件导出的，它表示的是应力分量和体力分量之间的关系。

为了得到弹性力学平面问题的平衡微分方程，在弹性体内任一点取出一个微分体，即一个微小的正平行六面体，它在 x 和 y 方向上的尺寸分别为 $\mathrm{d}x$ 和 $\mathrm{d}y$。为了计算简便，在 z 方向的尺寸取为一个单位长度，如图 3-3 所示。

一般来说，应力分量是位置坐标 x 和 y 的函数，因此，作用于正平行六面体左右两对面或上下两对面的应力分量不完全相同，而具有微小的差量。例如，设作用于左面的正应力是 σ_x，则作用于右面的正应力，由于 x 坐标的改变，将是 $\sigma_x+\dfrac{\partial\sigma_x}{\partial x}\mathrm{d}x+\dfrac{1}{2}\dfrac{\partial^2\sigma_x}{\partial x^2}\mathrm{d}x^2+\cdots$，略去二阶及二阶以上的微量后便是 $\sigma_x+\dfrac{\partial\sigma_x}{\partial x}\mathrm{d}x$（若 σ_x 为常量，则 $\dfrac{\partial\sigma_x}{\partial x}=0$，左右两面的正应力将都是 σ_x，此时为均匀应力的情况）。同理，设左面的切应力是 τ_{xy}，则右面的切应力将是 $\tau_{xy}+$

$\frac{\partial \tau_{xy}}{\partial x}\mathrm{d}x$；设上面的正应力和切应力分别为 σ_y 和 τ_{yx}，则下面的正应力和切应力将分别为 $\sigma_y+\frac{\partial \sigma_y}{\partial y}\mathrm{d}y$ 和 $\tau_{yx}+\frac{\partial \tau_{yx}}{\partial y}\mathrm{d}y$。因为正平行六面体是微小的，所以，它在各面上所受到的应力可以认为是均匀分布的，作用在对应面的中心。另外，正平行六面体所受到的体力，也可以认为是均匀分布的，作用在它体积的中心。

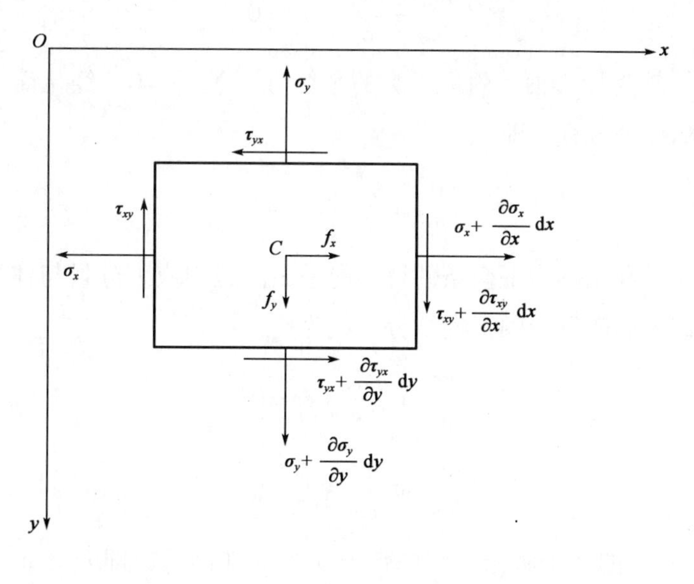

图　3-3

（1）以通过中心 C 并平行于 z 轴的直线为矩轴，列出力矩的平衡方程 $\sum M_C=0$，即：

$$\left(\tau_{xy}+\frac{\partial \tau_{xy}}{\partial x}\mathrm{d}x\right)\mathrm{d}y\times 1\times\frac{\mathrm{d}x}{2}+\tau_{xy}\mathrm{d}y\times 1\times\frac{\mathrm{d}x}{2}-$$

$$\left(\tau_{yx}+\frac{\partial \tau_{yx}}{\partial y}\mathrm{d}y\right)\mathrm{d}x\times 1\times\frac{\mathrm{d}y}{2}-\tau_{yx}\mathrm{d}x\times 1\times\frac{\mathrm{d}y}{2}=0$$

需要说明的是，在建立这一方程时，使用了小变形假定，即用了弹性体变形以前的尺寸，而没有用平衡状态下变形以后的尺寸。

将上式除以 $\mathrm{d}x\mathrm{d}y$，并合并相同的项，得：

$$\tau_{xy}+\frac{1}{2}\frac{\partial \tau_{xy}}{\partial x}\mathrm{d}x=\tau_{yx}+\frac{1}{2}\frac{\partial \tau_{yx}}{\partial y}\mathrm{d}y$$

略去微量（即令 $\mathrm{d}x$、$\mathrm{d}y$ 都趋于零），得：

$$\tau_{xy}=\tau_{yx} \tag{3-1}$$

再次证明了切应力的互等性。

（2）以 x 轴为投影轴，列出投影的平衡方程 $\sum F_x = 0$，得：

$$\left(\sigma_x + \frac{\partial \sigma_x}{\partial x}\mathrm{d}x\right)\mathrm{d}y \times 1 - \sigma_x \mathrm{d}y \times 1 + \left(\tau_{yx} + \frac{\partial \tau_{yx}}{\partial y}\mathrm{d}y\right)\mathrm{d}x \times 1 - \tau_{yx}\mathrm{d}x \times 1 + f_x \mathrm{d}x\mathrm{d}y \times 1 = 0$$

约简以后，两边都除以 $\mathrm{d}x\mathrm{d}y$，得：

$$\frac{\partial \sigma_x}{\partial x} + \frac{\partial \tau_{yx}}{\partial y} + f_x = 0 \tag{a}$$

（3）以 y 轴为投影轴，列出投影的平衡方程 $\sum F_y = 0$，经化简，可以得到另一个相似的微分方程，即：

$$\frac{\partial \sigma_y}{\partial y} + \frac{\partial \tau_{xy}}{\partial x} + f_y = 0 \tag{b}$$

综上所述，利用静力平衡条件得到的平面问题中应力分量与体力分量之间的关系式，即平面问题中的平衡微分方程为：

$$\left.\begin{aligned} \frac{\partial \sigma_x}{\partial x} + \frac{\partial \tau_{yx}}{\partial y} + f_x = 0 \\ \frac{\partial \sigma_y}{\partial y} + \frac{\partial \tau_{xy}}{\partial x} + f_y = 0 \end{aligned}\right\} \tag{3-2}$$

式（3-2）中的 2 个微分方程中包含 3 个未知函数，即 σ_x、σ_y、$\tau_{yx} = \tau_{xy}$，因此，决定应力分量的问题是超静定的，还必须考虑几何学和物理学方面的条件才能解决问题。

还应注意，平衡微分方程表示了区域内任一点微分体的平衡条件，从而必然保证任一有限大部分和整个区域是满足平衡条件的，因此，这样考虑的静力学条件是严格和精确的。

对于平面应变问题来说，在图 3-3 所示的正平行六面体上，一般还有作用于前后两面的正应力 σ_z，但由于它们自成平衡，完全不影响方程式（3-1）和式（3-2）的建立，因此，上述方程对于两种平面问题都是适用的。

3.3 几 何 方 程

考虑平面问题几何学方面的条件，可以导出微分线段上的形变分量与位移分量之间的关系式，即平面问题中的几何方程。

过弹性体内的任意一点 P，沿 x 轴和 y 轴的正方向取两个微小长度的线段 $PA=\mathrm{d}x$ 和 $PB=\mathrm{d}y$，假定弹性体受力以后，P、A、B 三点分别移动到 P'、A'、B'点，如图 3-4 所示。

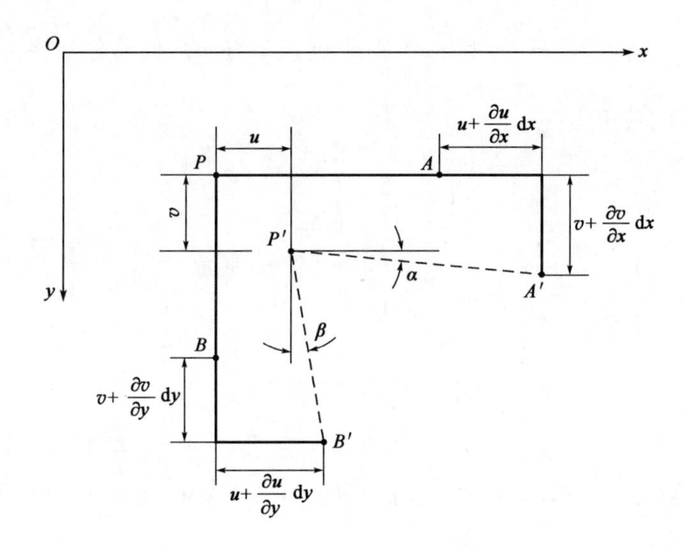

图　3-4

（1）求线段 PA 和 PB 的线应变 ε_x 和 ε_y

设 P 点在 x 方向的位移分量为 u，则 A 点在 x 方向的位移由于 x 坐标的改变，将为 $u+\dfrac{\partial u}{\partial x}\mathrm{d}x$（仅取一阶微量）；$P$ 点在 y 方向的位移分量为 v，A 点在 y 方向的位移分量将为 $v+\dfrac{\partial v}{\partial x}\mathrm{d}x$。同理，$B$ 点在 x 方向的位移分量为 $u+\dfrac{\partial u}{\partial y}\mathrm{d}y$，在 y 方向的位移分量为 $v+\dfrac{\partial v}{\partial y}\mathrm{d}y$。

线段 PA 的线应变为：

$$\varepsilon_x=\frac{P'A'-PA}{PA}=\frac{AA'-PP'}{PA}=\frac{\left(u+\dfrac{\partial u}{\partial x}\mathrm{d}x\right)-u}{\mathrm{d}x}=\frac{\partial u}{\partial x} \tag{a}$$

同理，线段 PB 的线应变为：

$$\varepsilon_y=\frac{\partial v}{\partial y} \tag{b}$$

（2）求线段 PA 与 PB 之间的直角的改变，即切应变 γ_{xy}

由图3-4可知，切应变γ_{xy}由两部分组成，即$\gamma_{xy}=\alpha+\beta$。其中，α为x方向的线段PA的转角，是由y方向的位移v引起的；β为y方向的线段PB的转角，是由x方向的位移u引起的。

设P点在y方向的位移分量为v，则A点在y方向的位移分量将为$v+\frac{\partial v}{\partial x}\mathrm{d}x$，因此，线段$PA$的转角为：

$$\alpha=\frac{\left(v+\frac{\partial v}{\partial x}\mathrm{d}x\right)-v}{\mathrm{d}x}=\frac{\partial v}{\partial x}$$

同理，可以得到线段PB的转角为：

$$\beta=\frac{\left(u+\frac{\partial u}{\partial y}\mathrm{d}y\right)-u}{\mathrm{d}y}=\frac{\partial u}{\partial y}$$

因此，线段PA与PB之间的直角的改变（以减小时为正），也就是切应变γ_{xy}为：

$$\gamma_{xy}=\alpha+\beta=\frac{\partial v}{\partial x}+\frac{\partial u}{\partial y} \tag{c}$$

综合（a）、（b）、（c）三式，可以得到平面问题中应变分量与位移分量之间的关系式，即几何方程为：

$$\varepsilon_x=\frac{\partial u}{\partial x},\qquad \varepsilon_y=\frac{\partial v}{\partial y},\qquad \gamma_{xy}=\frac{\partial v}{\partial x}+\frac{\partial u}{\partial y} \tag{3-3}$$

由几何方程（3-3）可知，当物体的位移分量完全确定时，形变分量即完全确定；反之，当形变分量完全确定时，位移分量却不能完全确定。这是因为当物体发生一定的形变时，由于约束条件不同，它可能还具有不同的刚体位移。

需要说明的是，与平衡微分方程一样，几何方程（3-3）对于两种平面问题同样适用。

3.4 物 理 方 程

考虑物理学方面的条件，可以导出平面问题中应变分量与应力分量之间的关系式，即平面问题中的物理方程。

在理想弹性体中，应变分量与应力分量之间的关系式可由材料力学中的广义胡克定律推导出来：

$$\left.\begin{aligned}
\varepsilon_x &= \frac{1}{E}\left[\sigma_x - \mu(\sigma_y + \sigma_z)\right] \\
\varepsilon_y &= \frac{1}{E}\left[\sigma_y - \mu(\sigma_z + \sigma_x)\right] \\
\varepsilon_z &= \frac{1}{E}\left[\sigma_z - \mu(\sigma_x + \sigma_y)\right] \\
\gamma_{yz} &= \frac{1}{G}\tau_{yz} = \frac{2(1+\mu)}{E}\tau_{yz} \\
\gamma_{zx} &= \frac{1}{G}\tau_{zx} = \frac{2(1+\mu)}{E}\tau_{zx} \\
\gamma_{xy} &= \frac{1}{G}\tau_{xy} = \frac{2(1+\mu)}{E}\tau_{xy}
\end{aligned}\right\} \tag{3-4}$$

式中，E 为拉压弹性模量，简称弹性模量；G 为切变模量，又称刚度模量；μ 为泊松系数，又称泊松比。这三个弹性常数之间的关系为：

$$G = \frac{E}{2(1+\mu)} \tag{3-5}$$

因为弹性力学假定研究的物体是完全弹性的、均匀的，而且是各向同性的，所以，弹性常数 E、G、μ 不随应力或形变的大小而变，不随位置坐标而变，也不随方向而变。

（1）平面应力问题的物理方程

在平面应力问题中，由于 $\sigma_z = 0$、$\tau_{zx} = 0$、$\tau_{zy} = 0$，所以，式（3-4）可以简化为：

$$\left.\begin{aligned}
\varepsilon_x &= \frac{1}{E}(\sigma_x - \mu\sigma_y) \\
\varepsilon_y &= \frac{1}{E}(\sigma_y - \mu\sigma_x) \\
\gamma_{xy} &= \frac{2(1+\mu)}{E}\tau_{xy}
\end{aligned}\right\} \tag{3-6}$$

这就是平面应力问题的物理方程。

另外，式（3-4）中的第三式简化为：

$$\varepsilon_z = -\frac{\mu}{E}(\sigma_x + \sigma_y)$$

ε_z 可以直接由 σ_x 和 σ_y 得出，因而不作为独立的未知函数，但由 ε_z 可以求得薄板厚度的变化。

(2) 平面应变问题的物理方程

在平面应变问题中，由于物体的所有各点都不沿 z 方向移动，即 $w=0$，所以 z 方向的线段都没有伸缩，即 $\varepsilon_z=0$。于是由式（3-4）中的第三式可得：

$$\sigma_z=\mu(\sigma_x+\sigma_y)$$

同样，σ_z 也不作为独立的未知函数。将上式代入式（3-4）中的第一式和第二式，并结合式（3-6）中的第三式可得：

$$\left.\begin{aligned}\varepsilon_x&=\frac{1-\mu^2}{E}\left(\sigma_x-\frac{\mu}{1-\mu}\sigma_y\right)\\\varepsilon_y&=\frac{1-\mu^2}{E}\left(\sigma_y-\frac{\mu}{1-\mu}\sigma_x\right)\\\gamma_{xy}&=\frac{2(1+\mu)}{E}\tau_{xy}\end{aligned}\right\}\tag{3-7}$$

这就是平面应变问题的物理方程。

另外，由于在平面应变问题中也有 $\tau_{yz}=0$ 和 $\tau_{zx}=0$，所以也有 $\gamma_{yz}=0$ 和 $\gamma_{zx}=0$。

对比两种平面问题的物理方程可以看出，如果在平面应力问题的物理方程（3-6）中，将 E 换为 $\frac{E}{1-\mu^2}$，μ 换为 $\frac{\mu}{1-\mu}$，就可以得到平面应变问题的物理方程（3-7）。

3.5 边 界 条 件

在以上三节中，分别导出了 2 个平衡微分方程（3-2）、3 个几何方程(3-3）以及 3 个物理方程（3-6）或（3-7），这 8 个方程就是弹性力学平面问题的基本方程。在这 8 个基本方程中，共有 8 个未知函数（坐标的未知函数），即 3 个应力分量 σ_x、σ_y、$\tau_{xy}=\tau_{yx}$，3 个应变分量 ε_x、ε_y、γ_{xy} 以及 2 个位移分量 u 和 v。基本方程的数量恰好等于未知函数的数量，因此，在适当的边界条件下，完全可以从基本方程中求解出所有未知函数。

边界条件是表示边界上位移与约束或应力与面力之间关系的方程式，它可以分为 3 类，即：位移边界条件、应力边界条件和混合边界条件。

（1）位移边界条件

若在 s_u 部分边界上给定了约束位移分量 $\bar{u}(s)$ 和 $\bar{v}(s)$，则对于边界上的每一点，位移函数 u 和 v 应满足条件：

$$(u)_s=\bar{u}(s),\qquad (v)_s=\bar{v}(s)\qquad (在\ s_u 上) \tag{3-8}$$

这就是平面问题的位移边界条件。其中，$(u)_s$ 和 $(v)_s$ 是位移的边界值，$\bar{u}(s)$ 和 $\bar{v}(s)$ 在边界上是坐标的已知函数。

对于完全固定边界，由于 $\bar{u}(s)=0$、$\bar{v}(s)=0$，所以，位移边界条件为：

$$(u)_s=0,\qquad (v)_s=0\qquad (在\ s_u 上)$$

（2）应力边界条件

若在 s_σ 部分边界上给定了面力分量 $\bar{f}_x(s)$ 和 $\bar{f}_y(s)$，则可以由边界上任一点微分体的平衡方程导出应力与面力之间的关系式，即应力边界条件。为此，在边界上任一点 P 取出一个类似图 2-6b）所示的微分体，这时，斜面 AB 就是边界面，在此面上的应力分量 p_x 和 p_y 应代换为面力分量 $\bar{f}_x(s)$ 和 $\bar{f}_y(s)$，而坐标面上的 σ_x、σ_y、τ_{xy} 分别成为应力分量的边界值。由平衡条件可推导出平面问题的应力边界条件为：

$$\left.\begin{aligned}(l\sigma_x+m\tau_{yx})_s&=\bar{f}_x(s)\\(m\sigma_y+l\tau_{xy})_s&=\bar{f}_y(s)\end{aligned}\right\}\qquad (在\ s_\sigma\ 上) \tag{3-9}$$

式中，$\bar{f}_x(s)$ 和 $\bar{f}_y(s)$ 在边界上是坐标的已知函数，l 和 m 是边界面外法线的方向余弦，s 为边界面的方程。

【例 3-1】　一平面三角形悬臂梁，如图 3-5 所示，其上、下边界分别受均布荷载 q 和 p 的作用，试列出其应力边界条件，固定边不必写。

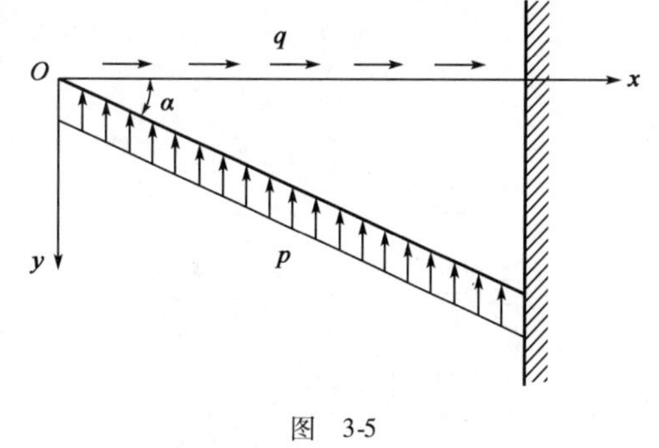

图　3-5

【解】　①上边界的应力边界条件。

在三角形悬臂梁的上边界，$l=0$，$m=-1$，上边界的方程为 $y=0$，面力 $\bar{f}_x(s)=q$，$\bar{f}_y(s)=0$，代入式（3-9）可得上边界的应力边界条件为：

$$(-\tau_{yx})_{y=0}=q,\qquad (\sigma_y)_{y=0}=0$$

②下边界的应力边界条件。

在三角形悬臂梁的下边界，$l=-\sin\alpha$，$m=\cos\alpha$，下边界的方程为 $y=x\tan\alpha$，面力$\bar{f}_x(s)=0$，$\bar{f}_y(s)=-p$，代入式（3-9）可得下边界的应力边界条件为：

$$(-\sin\alpha\sigma_x+\cos\alpha\,\tau_{yx})_{y=x\tan\alpha}=0,\qquad(\cos\alpha\sigma_y-\sin\alpha\,\tau_{xy})_{y=x\tan\alpha}=-p$$

需要说明的是，不论弹性体的边界面与坐标轴是垂直的还是斜交的，均可以利用式（3-9）列出弹性体边界面的应力边界条件，即公式法。另外，当弹性体的边界面与坐标轴垂直或平行时，除了可以利用“公式法”列出该边界面的应力边界条件外，还可以利用“比较法”列出该边界面的应力边界条件，而且“比较法”更加便捷。

所谓比较法，就是在与坐标轴垂直或平行的边界面上画出应力的正方向，然后将画出的正应力与边界面上的面力进行比较，使其对应相等，即可得到该边界面上的应力边界条件。

【例 3-2】 一平面三角形悬臂梁，如图 3-5 所示，其上、下边界分别受均布荷载 q 和 p 的作用，试用比较法列出上边界的应力边界条件。

【解】 ①画出上边界的正应力方向，如图 3-6 所示。

②比较画出的正应力和上边界的面力，列出应力边界条件：

$$(\tau_{yx})_{y=0}=-q,\qquad(\sigma_y)_{y=0}=0$$

【例 3-3】 某三角形悬臂梁的受力如图 3-7 所示，其应力分量表达式为：

$$\begin{cases}\sigma_x=A\left(-\arctan\dfrac{y}{x}-\dfrac{xy}{x^2+y^2}+C\right)\\\sigma_y=A\left(-\arctan\dfrac{y}{x}-\dfrac{xy}{x^2+y^2}+B\right)\\\tau_{xy}=-A\dfrac{y^2}{x^2+y^2}\end{cases}$$

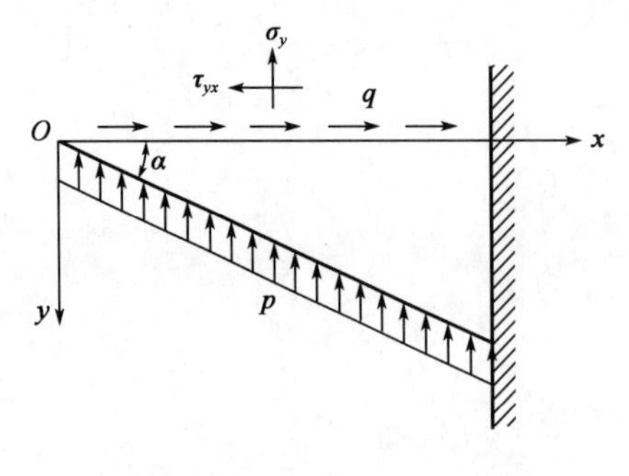

图 3-6

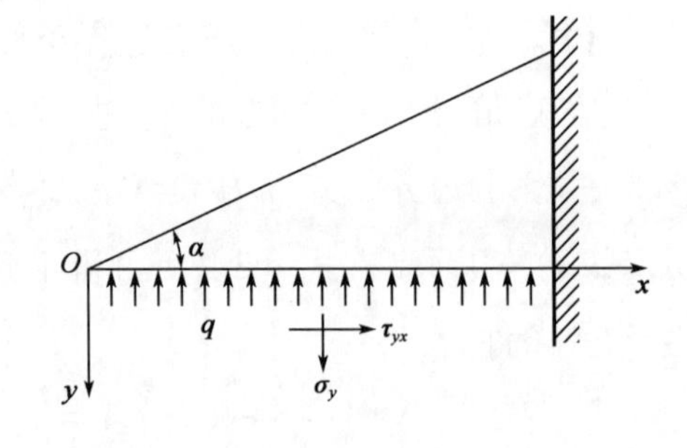

图 3-7

试根据应力边界条件确定其中的待定常数 A、B、C。

【解】　①考虑三角形悬臂梁下边界的应力边界条件。

利用比较法，首先画出下边界的正应力，然后对应相等，得：

$$(\sigma_y)_{y=0} = -q, \qquad (\tau_{yx})_{y=0} = 0$$

把应力分量的表达式代入，得：

$$AB = -q \tag{a}$$

②考虑三角形悬臂梁上边界（斜边界）的应力边界条件。

在三角形悬臂梁的斜边界上，$l=\cos\left(\dfrac{\pi}{2}+\alpha\right)=-\sin\alpha$，$m=\cos(\pi+\alpha)=-\cos\alpha$，上边界的方程为 $y=-x\tan\alpha$，面力 $\bar{f}_x(s)=0$，$\bar{f}_y(s)=0$，代入式（3-9）可得上边界的应力边界条件为：

$$(-\sin\alpha\sigma_x - \cos\alpha\,\tau_{yx})_{y=-x\tan\alpha} = 0, \qquad (-\cos\alpha\sigma_y - \sin\alpha\,\tau_{xy})_{y=-x\tan\alpha} = 0$$

把应力分量的表达式代入，得：

$$\sin\alpha A(\alpha + C) = 0 \tag{b}$$

$$A(\sin\alpha - \alpha\cos\alpha - B\cos\alpha) = 0 \tag{c}$$

由式（b）解得：

$$C = -\alpha$$

由式（c）解得：

$$B = \tan\alpha - \alpha$$

将 $B=\tan\alpha-\alpha$ 代入式（a）可得：

$$A = -\frac{q}{\tan\alpha - \alpha}$$

（3）混合边界条件

混合边界条件，就是在边界上既给出了部分外力，又给出了部分位移。分以下两种情况：

①在物体的一部分边界上具有已知的位移，因而具有位移边界条件；另一部分边界上则具有已知的面力，因而具有应力边界条件。

②在同一个边界上也可能出现混合边界条件，即两个边界条件中的一个是位移边界条件，而另一个是应力边界条件。

例如，设某一个 x 面是连杆支承边，如图3-8a）所示，则在 x 方向有位移边界条件 $(u)_s=\bar{u}=0$，而在 y 方向有应力边界条件 $(\tau_{xy})=\bar{f}_y=0$。

又例如，设某一个 x 面是齿槽边，如图 3-8b）所示，则在 x 方向有应力边界条件 $(\sigma_x)_s=\bar{f}_x=0$，而在 y 方向有位移边界条件 $(v)_s=\bar{v}=0$。

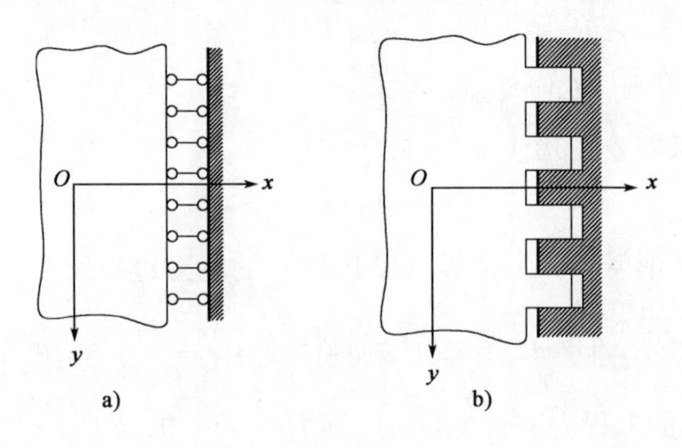

图 3-8

3.6 圣维南原理

在求解弹性力学问题时，应力分量、应变分量和位移分量等不仅必须满足区域内的三套基本方程，而且必须满足边界上的边界条件，因此，弹性力学问题属于微分方程的边值问题。严格地说，在弹性力学边值问题中，物体表面上给定的应力边界条件或位移边界条件应该是逐点满足的。若在边界上给定不同的外力或位移，则在同一弹性体中将引起不同的响应，即产生不同的应力场或位移场。但在实际的工程问题中，有时只知道作用于物体表面某一小部分区域上的合力或合力矩，难以用解析表达式精确给出每点的应力，因此，要严格地满足所有的边界条件，往往会遇到很大的困难。圣维南于 1855 年提出了局部效应原理，即圣维南原理，它可为简化局部边界上的应力边界条件提供很大的方便。

3.6.1 圣维南原理的内容

圣维南原理表明，如果把物体一小部分边界上的面力变换为分布不同但静力等效的面力（主矢量相同，对于同一点的主矩也相同），那么近处的应力分布将有显著的改变，但是远处所受的影响可以不计。

应用圣维南原理时必须注意以下问题：

（1）圣维南原理只能应用在“一小部分边界上”，即只能应用在局部边界、小边界或次要边界上。

（2）变换的面力必须与原面力静力等效，即面力变换前后必须主矢量相同，对于同一点的主矩也相同。

（3）所谓“近处”，是指小边界附近区域，根据实际经验，为变换面力的边界的1~2倍范围内；而此范围以外，可以认为是“远处”。

（4）在小边界上进行面力的静力等效变换，只显著改变局部区域的应力分布，而对此外的大部分区域中应力的影响可以忽略不计。

例如，设有柱形构件，在两端截面的形心受到大小相等而方向相反的拉力 F［图3-9a)］，如果把一端或两端的拉力变换为静力等效的力［图3-9b）或图3-9c)］，则只有虚线画出部分的应力分布有显著的改变，而其余部分所受的影响是可以忽略不计的。如果再将两端的拉力变换为均匀分布的拉力，集度为 F/A，其中 A 为构件的横截面积［图3-9d)］，仍然只有靠近两端部分的应力受到显著的影响。这就是说，在以上四种情况下，离开柱形构件两端较远处的应力分布没有显著的差别。

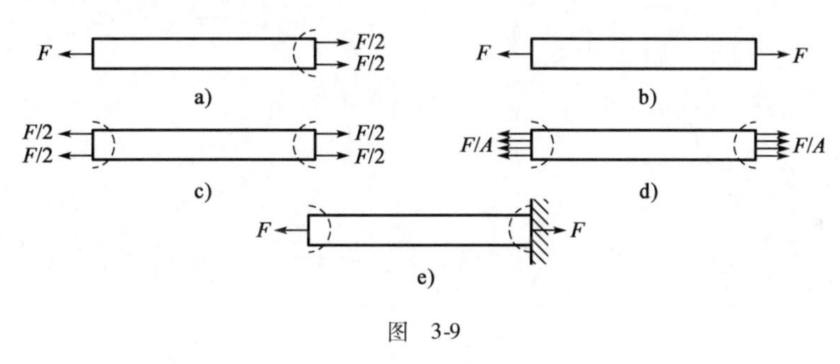

图　3-9

在后续的学习过程中可知，图3-9d）所示的情况下，由于面力连续均匀分布，边界条件简单，应力是很容易求得而且解答是很简单的；而图3-9a）~图3-9c）这三种情况下，由于面力并非连续分布，甚至只知其合力为 F 而不知其分布形式，应力是难以求解的。因此，根据圣维南原理，将图3-9d）所示情况下的应力解答应用到其余三种情况，虽然不能满足两端的应力边界条件，但仍然可以表明离杆端较远处的应力状态，而且没有显著的误差。

当物体一小部分边界上的位移边界条件不能满足时，也可以应用圣维南原理而得到有用的解答。例如，设图3-9所示构件的右端是固定端［图3-9e)］，则在该构件的右端，有位移边界条件 $(u)_s=\bar{u}=0$ 和 $(v)_s=\bar{v}=0$，把图3-9d）所示情况下的简单解答应用于这一情况时，这个位移边界条件是不能满足的。但是，显然可见，右端的面力一定合成为经过截面形心的力 F，并和左端的面力平衡。这就是说，右端（固定端）的面力静力等效于经过右端截面形心的

力 F。因此，根据圣维南原理，把图 3-9d）所示情况下的简单解答应用于这一情况时，仍然只是在靠近两端处有显著的误差，而在离两端较远处，误差是可以忽略不计的。

3.6.2 圣维南原理的推广

圣维南原理还可以进行推广，即如果物体一小部分边界上的面力是一个平衡力系（主矢量和主矩都等于零），那么，这个面力就只会使近处产生显著的应力，而远处的应力可以忽略不计。这是因为，主矢量和主矩都等于零的面力，与无面力状态是静力等效的，只能在近处产生显著的应力。

例如，图 3-10a）所示的带小圆孔的无限平面域，当没有体力作用时，离边界较远的小孔口边界上作用有平衡力系［图 3-10b）］，则只会在小孔口附近的局部区域产生显著的应力，而平面域的绝大部分区域与图 3-10a）相似，接近无应力状态。

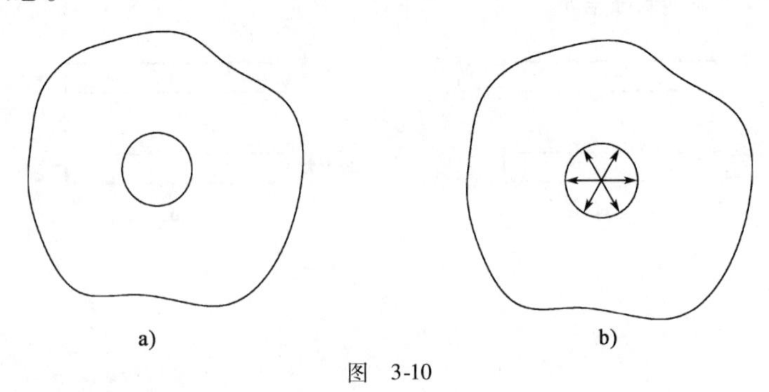

图 3-10

3.6.3 圣维南原理的应用

圣维南原理的应用就是在局部边界（小边界）上将精确的应力边界条件代之以静力等效的主矢量和主矩的条件。

如图 3-11 所示的厚度 $\delta=1$ 的梁，由于 $h \ll l$，其左、右两端（$x=\pm l$）是小边界，其上作用有一般分布的面力 $\bar{f}_x(y)$ 和 $\bar{f}_y(y)$。

按照严格的应力边界条件，应力分量在边界上应满足条件：

$$(\sigma_x)_{x=\pm l} = \pm\bar{f}_x(y), \qquad (\tau_{xy})_{x=\pm l} = \pm\bar{f}_y(y) \tag{a}$$

可以看出，式（a）要求在 $x=\pm l$ 的小边界上每一点，应力分量与对应的面力分量处处相等，这种严格的边界条件是很难得到满足的。但是，当 $h \ll l$ 时，$x=\pm l$ 的边界面是梁的次要边界，此时，可以应用圣维南原理，用静力等效条件来代替式（a）的严格条件，即在这一局部边界面上，使应力的主矢量和主矢量和主矩分别等于对应面力的主矢量和主矩。

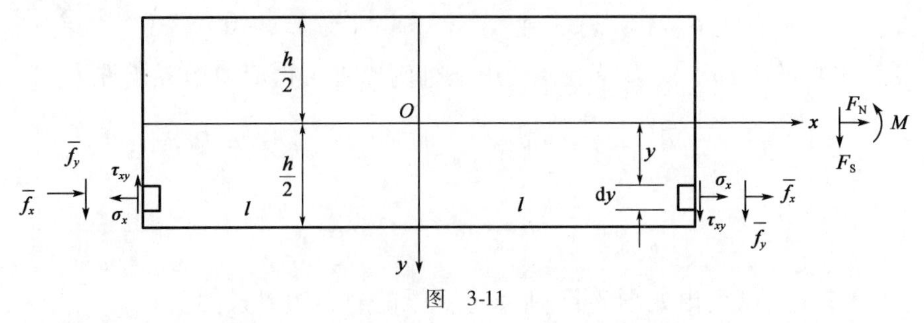

图　3-11

设梁在 z 方向的尺寸为1，则在 $x=\pm l$ 的次要边界上，可以列出三个主矢量和主矩对等的积分边界条件，即：

$$\left.\begin{aligned}&\int_{-h/2}^{h/2}(\sigma_x)_{x=\pm l}\mathrm{d}y=\pm\int_{-h/2}^{h/2}\bar{f}_x(y)\mathrm{d}y\\&\int_{-h/2}^{h/2}(\sigma_x)_{x=\pm l}\mathrm{d}y\cdot y=\pm\int_{-h/2}^{h/2}\bar{f}_x(y)\mathrm{d}y\cdot y\\&\int_{-h/2}^{h/2}(\tau_{xy})_{x=\pm l}\mathrm{d}y=\pm\int_{-h/2}^{h/2}\bar{f}_y(y)\mathrm{d}y\end{aligned}\right\}\tag{b}$$

如果没有给出边界上面力的分布，而是直接给出了单位厚度边界上面力的主矢量和主矩，如图3-11所示的 $x=l$ 的小边界上的 F_N、F_S 和 M，则在 $x=l$ 的小边界上，三个积分边界条件成为：

$$\left.\begin{aligned}&\int_{-h/2}^{h/2}(\sigma_x)_{x=l}\mathrm{d}y=F_N\\&\int_{-h/2}^{h/2}(\sigma_x)_{x=l}\mathrm{d}y\cdot y=M\\&\int_{-h/2}^{h/2}(\tau_{xy})_{x=l}\mathrm{d}y=F_S\end{aligned}\right\}\tag{c}$$

对比严格的边界条件（a）与近似的边界条件（b）可以发现，前者是精确的条件，为函数方程，后者是近似的积分条件，为简单的代数方程；前者有两个条件，后者有三个条件；前者不易满足，后者易于满足。因此，在求解弹性力学平面问题时，常常在局部边界上用近似的三个积分的应力边界条件来代替严格的边界条件，从而使问题的求解大为简化，而得到的应力结果只对该局部边界附近的区域产生显著的影响。

【例3-4】　矩形截面的水坝如图3-12所示，其右侧受静水压力，顶部受集中力作用。试写出水坝的应力边界条件。

【解】　①在水坝的左侧边界上，利用比较法可得应力边界条件为：

$$(\sigma_x)_{x=h}=0,\qquad(\tau_{xy})_{x=h}=0$$

②在水坝的右侧边界上，利用比较法可得应力边界条件为：

$$(\sigma_x)_{x=-h} = -\gamma y, \qquad (\tau_{xy})_{x=-h} = 0$$

③在水坝的上部次要边界上，利用圣维南原理可得应力边界条件为：

$$\int_{-h}^{h}(\sigma_y)_{y=0}\mathrm{d}x = -P\sin\alpha, \qquad \int_{-h}^{h}(\tau_{yx})_{y=0}\mathrm{d}x = P\cos\alpha,$$

$$\int_{-h}^{h}(\sigma_y)_{y=0}\mathrm{d}x \cdot x = -P\sin\alpha \cdot \frac{h}{2}$$

【例 3-5】 试列出如图 3-13 所示悬臂梁的应力边界条件。

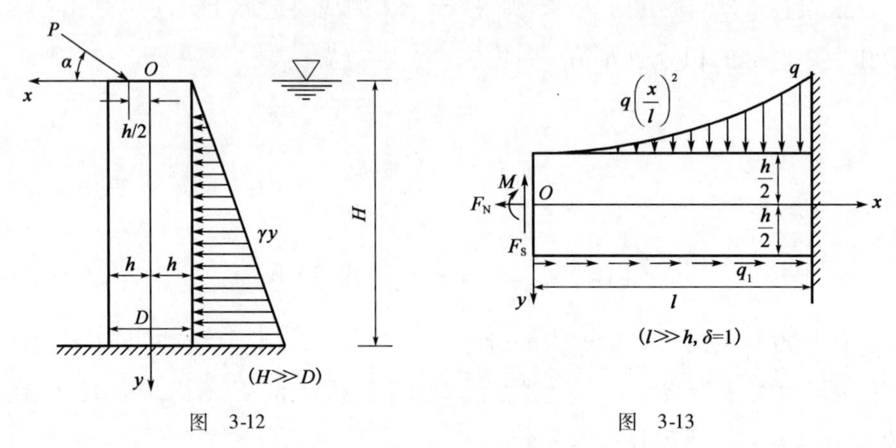

图 3-12　　　　图 3-13

【解】 ①在悬臂梁的上部边界上，利用比较法可得应力边界条件为：

$$(\sigma_y)_{y=-h/2} = -q\left(\frac{x}{l}\right)^2, \qquad (\tau_{yx})_{y=-h/2} = 0$$

②在悬臂梁的下部边界上，利用比较法可得应力边界条件为：

$$(\sigma_y)_{y=h/2} = 0, \qquad (\tau_{yx})_{y=h/2} = q_1$$

③在悬臂梁的左侧次要边界上，利用圣维南原理可得应力边界条件为：

$$\int_{-h/2}^{h/2}(\sigma_x)_{x=0}\mathrm{d}y = F_{\mathrm{N}}, \qquad \int_{-h/2}^{h/2}(\tau_{xy})_{x=0}\mathrm{d}y = F_{\mathrm{S}},$$

$$\int_{-h/2}^{h/2}(\sigma_x)_{x=0}\mathrm{d}y \cdot y = M$$

思考与练习

3-1　简述平面应力问题和平面应变问题的特点，并举例说明哪些可以看作平面应力问题，哪些可以看作平面应变问题。

3-2　在推导弹性力学平面问题的三套基本方程时，分别应用了哪些基本假定？

3-3　弹性力学的边界条件分为哪三种?

3-4　什么是圣维南原理? 圣维南原理的作用是什么?

3-5　试分别列出图 3-14 所示的两个弹性力学平面问题的应力边界条件。

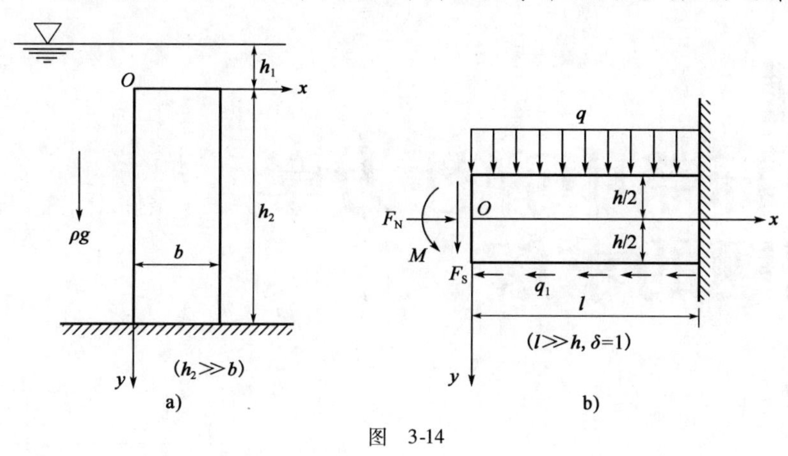

图　3-14

第4章

直角坐标系中弹性力学平面问题的求解

从数学的角度分析，弹性力学问题实际上就是偏微分方程的边值问题。在第3章中，已经建立了弹性力学平面问题的基本方程和边界条件，求解弹性力学平面问题，就是在考虑弹性体边界条件的情况下，运用8个基本方程求解8个未知分量，即3个应力分量、3个应变分量和2个位移分量。由于待求的未知函数和基本方程的数目较多，所以问题的求解十分困难。

对于具有不同边界条件的弹性力学平面问题，其求解方法也有所不同。参考结构力学中分析结构的位移法和力法，弹性力学问题的求解也可分为按位移求解和按应力求解。按位移求解就是以位移为基本未知函数，按应力求解就是以应力为基本未知函数，通过消元法求出基本未知函数后，再利用基本方程求解出其他未知量，从而使弹性力学问题得以求解。

4.1 按位移求解平面问题

按位移求解的方法，又称位移法，它是以位移分量为基本未知函数，从基本方程和边界条件中消去应力分量和形变分量，导出只含位移分量的方程和相应的边界条件，并由此先行求解出位移分量，然后，再由几何方程求出应变分量，进而由物理方程求出应力分量。

对于平面问题，位移分量有两个，即 u 和 v，为了求解出这两个未知函数，只需要两个独立的只包括位移分量的方程即可。下面将以平面应力问题为例，分三步从弹性力学基本方程中导出这两个方程。

（1）从平面应力问题的物理方程（3-6）中求解出应力分量，得：

$$\left.\begin{aligned}\sigma_x &= \frac{E}{1-\mu^2}(\varepsilon_x+\mu\varepsilon_y)\\ \sigma_y &= \frac{E}{1-\mu^2}(\varepsilon_y+\mu\varepsilon_x)\\ \tau_{xy} &= \frac{E}{2(1+\mu)}\gamma_{xy}\end{aligned}\right\}\tag{4-1}$$

（2）将几何方程（3-3）代入式（4-1），得到用位移分量表示的应力分量，即：

$$\left.\begin{aligned}\sigma_x &= \frac{E}{1-\mu^2}\left(\frac{\partial u}{\partial x}+\mu\frac{\partial v}{\partial y}\right)\\ \sigma_y &= \frac{E}{1-\mu^2}\left(\frac{\partial v}{\partial y}+\mu\frac{\partial u}{\partial x}\right)\\ \tau_{xy} &= \frac{E}{2(1+\mu)}\left(\frac{\partial v}{\partial x}+\frac{\partial u}{\partial y}\right)\end{aligned}\right\}\tag{4-2}$$

（3）将式（4-2）代入平衡微分方程（3-2），即得到按位移求解平面应力问题时所用的基本微分方程为：

$$\left.\begin{aligned}\frac{E}{1-\mu^2}\left(\frac{\partial^2 u}{\partial x^2}+\frac{1-\mu}{2}\frac{\partial^2 u}{\partial y^2}+\frac{1+\mu}{2}\frac{\partial^2 v}{\partial x\partial y}\right)+f_x &= 0\\ \frac{E}{1-\mu^2}\left(\frac{\partial^2 v}{\partial y^2}+\frac{1-\mu}{2}\frac{\partial^2 v}{\partial x^2}+\frac{1+\mu}{2}\frac{\partial^2 u}{\partial x\partial y}\right)+f_y &= 0\end{aligned}\right\}\tag{4-3}$$

对于一个边值问题的求解，除了在弹性体区域内要满足基本方程外，在边界上还必须满足边界条件。此时，应力边界条件要用位移分量来表示，只需将式（4-2）代入应力边界条件式（3-9）即可：

$$\left.\begin{aligned}\frac{E}{1-\mu^2}\left[l\left(\frac{\partial u}{\partial x}+\mu\frac{\partial v}{\partial y}\right)+m\frac{1-\mu}{2}\left(\frac{\partial u}{\partial y}+\frac{\partial v}{\partial x}\right)\right]_s &= \bar{f}_x\\ \frac{E}{1-\mu^2}\left[m\left(\frac{\partial v}{\partial y}+\mu\frac{\partial u}{\partial x}\right)+l\frac{1-\mu}{2}\left(\frac{\partial v}{\partial x}+\frac{\partial u}{\partial y}\right)\right]_s &= \bar{f}_y\end{aligned}\right\}\quad（在\ s_\sigma\ 上）\tag{4-4}$$

这就是按位移求解平面应力问题时所用的应力边界条件。

对于位移边值问题，在边界上还必须满足位移边界条件［即式（3-8）］：

$$(u)_s = \bar{u}(s), \qquad (v)_s = \bar{v}(s) \qquad (\text{在 } s_u \text{ 上})$$

综上所述，按位移求解平面应力问题时，位移分量在弹性体区域内要满足微分方程（4-3），在边界上要满足应力边界条件（4-4）或位移边界条件(3-8)。求解出位移分量后，即可用几何方程（3-3）求得形变分量，再用式（4-1)求得应力分量。

以上方程均是针对平面应力问题建立的，对于平面应变问题，只需将上述各方程中的 E 换为 $\frac{E}{1-\mu^2}$，μ 换为 $\frac{\mu}{1-\mu}$，即可得到平面应变问题按位移求解的方程和边界条件。同样，如果已求得平面应力问题的解答，只需将 E 和 μ 进行同样的变换，就可以得到对应的平面应变问题的解答。

位移法能适应各种边界条件问题的求解，但在通过求解较复杂的方程(4-3)和边界条件（4-4）得到具体的位移函数时，往往会遇到很大的困难，因此，已得出的函数解答很少。但是，位移法仍然是弹性力学的一种基本解法，在弹性力学的各种近似数值解法中有着广泛的应用。

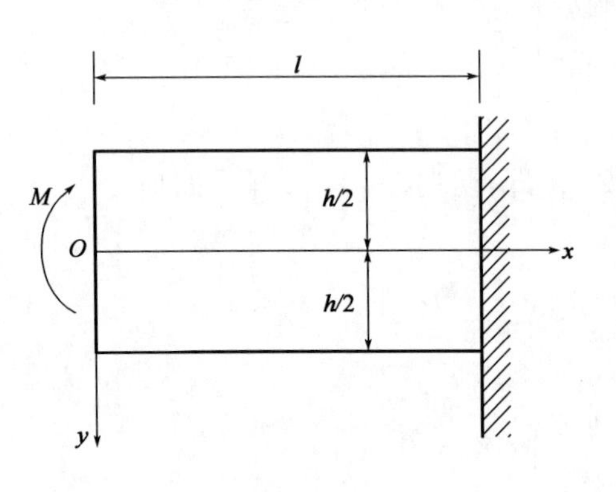

图 4-1

【例 4-1】 单位厚度的矩形截面悬臂梁如图 4-1 所示，不计体力，位移分量为：

$$u = -\frac{M}{EI}(l-x)y, v = -\frac{M}{2EI}(l-x)^2 - \mu\frac{M}{2EI}y^2$$

其中，$I = \frac{h^3}{12}$。试分析这一组位移分量是否为本问题的弹性力学解答。

【解】 如果这一组位移分量是本问题的弹性力学解答，则位移分量在弹性体区域内要满足微分方程（4-3），在边界上要满足应力边界条件（4-4）和位移边界条件（3-8)。

①将这一组位移分量代入微分方程(4-3)，得：

$$\left.\begin{aligned}&\frac{E}{1-\mu^2}(0+0+0)+0=0\\&\frac{E}{1-\mu^2}\left(-\mu\frac{M}{EI}-\frac{1-\mu}{2}\frac{M}{EI}+\frac{1+\mu}{2}\frac{M}{EI}\right)+0=0\end{aligned}\right\}$$

经化简可知，两式均满足。

②将这一组位移分量代入式（4-2），求得应力分量为：

$$\sigma_x = \frac{My}{I}, \quad \sigma_y = 0, \quad \tau_{xy} = 0 \tag{a}$$

悬臂梁上边界的应力边界条件为：

$$(\sigma_y)_{y=-h/2} = 0, \quad (\tau_{yx})_{y=-h/2} = 0 \tag{b}$$

悬臂梁下边界的应力边界条件为：

$$(\sigma_y)_{y=h/2} = 0, \quad (\tau_{yx})_{y=h/2} = 0 \tag{c}$$

悬臂梁左边界的应力边界条件为：

$$\int_{-h/2}^{h/2}(\sigma_x)_{x=0}\mathrm{d}y = 0, \quad \int_{-h/2}^{h/2}(\tau_{xy})_{x=0}\mathrm{d}y = 0, \quad \int_{-h/2}^{h/2}(\sigma_x)_{x=0}\mathrm{d}y \cdot y = M \tag{d}$$

将应力分量式（a）代入式（b）～式（d），均自然满足。

③ 悬臂梁的右边界是固定端，位移边界条件为：

$$(u)_{\substack{x=l\\y=0}} = 0, \quad (v)_{\substack{x=l\\y=0}} = 0, \quad \left(\frac{\partial v}{\partial x}\right)_{\substack{x=l\\y=0}} = 0 \tag{e}$$

将这一组位移分量代入式（e），均自然满足。

可以看出，以上三方面的条件均满足，因此，这一组位移分量是本问题的弹性力学解答。

4.2　按应力求解平面问题

按应力求解的方法，又称应力法，它是以应力分量为基本未知函数，从基本方程和边界条件中消去形变分量和位移分量，导出只含应力分量的方程和相应的边界条件，并由此先行求解出应力分量，然后，再由物理方程求出应变分量，进而由几何方程求出位移分量。

对于平面问题，应力分量有三个，即 σ_x、σ_y、$\tau_{xy}=\tau_{yx}$，为了求解出这三个未知函数，只需要三个独立的只包括应力分量的方程即可。平衡微分方程是两个只包含应力分量的方程，因此，可以作为求解应力分量的方程，还缺少一个方程，这就需要从几何方程和物理方程中消去形变分量和位移分量，得到第三个只包含应力分量的方程。下面将以平面应力问题为例，导出第三个方程。

由于位移分量只在几何方程中存在，可以先从几何方程中消去位移分量。考察几何方程（3-3），即：

$$\varepsilon_x = \frac{\partial u}{\partial x}, \qquad \varepsilon_y = \frac{\partial v}{\partial y}, \qquad \gamma_{xy} = \frac{\partial v}{\partial x} + \frac{\partial u}{\partial y}$$

将 ε_x 对 y 的二阶导数和 ε_y 对 x 的二阶导数相加，得：

$$\frac{\partial^2 \varepsilon_x}{\partial y^2} + \frac{\partial^2 \varepsilon_y}{\partial x^2} = \frac{\partial^2 u}{\partial x \partial y^2} + \frac{\partial^2 v}{\partial y \partial x^2} = \frac{\partial^2}{\partial x \partial y}\left(\frac{\partial u}{\partial y} + \frac{\partial v}{\partial x}\right)$$

这个等式右边括弧中的表达式就等于 γ_{xy}，于是得：

$$\frac{\partial^2 \varepsilon_x}{\partial y^2} + \frac{\partial^2 \varepsilon_y}{\partial x^2} = \frac{\partial^2 \gamma_{xy}}{\partial x \partial y} \tag{4-5}$$

这个关系式称为形变协调方程或相容方程。

式（4-5）表明，连续体的形变分量 ε_x、ε_y、γ_{xy}不是互相独立的，而是相关的，它们之间必须满足这个相容方程，才能保证位移分量 u 和 v 的存在。如果任意选取函数 ε_x、ε_y 和 γ_{xy}，而不能满足这个相容方程，那么由三个几何方程中的任何两个求出的位移分量将与第三个几何方程不能相容，也就是互相矛盾。这就表示，变形以后的物体就不再是连续的，而将发生某些部分互相脱离或互相侵入的情况。不满足相容方程的形变分量，不是物体中实际存在的，也求不出对应的位移分量。

【例 4-2】 试分析平面问题的应变分量 $\varepsilon_x = Ay^2$、$\varepsilon_y = Bx^2 y$、$\gamma_{xy} = Cxy$ 是否可能存在。

【解】 应变分量存在的必要条件是要满足形变协调方程，即：

$$\frac{\partial^2 \varepsilon_x}{\partial y^2} + \frac{\partial^2 \varepsilon_y}{\partial x^2} = \frac{\partial^2 \gamma_{xy}}{\partial x \partial y}$$

将给定的三个应变分量代入形变协调方程，得：

$$2A + 2By = C$$

可以看出，只有当 $B = 0$、$2A = C$ 时这三个应变分量才满足形变协调方程，才能存在。

现在，利用物理方程将相容方程（4-5）中的应变分量消去，使相容方程中只包含应力分量，从而导出按应力求解平面问题的第三个方程。

对于平面应力问题，将物理方程（3-6）代入式（4-5），得：

$$\frac{\partial^2}{\partial y^2}(\sigma_x - \mu\sigma_y) + \frac{\partial^2}{\partial x^2}(\sigma_y - \mu\sigma_x) = 2(1 + \mu)\frac{\partial^2 \tau_{xy}}{\partial x \partial y} \tag{a}$$

利用平衡微分方程，可以简化式（a），使它只包含正应力而不包含切应力。为此，将平衡微分方程写成：

$$\left.\begin{aligned}\frac{\partial \tau_{yx}}{\partial y} &= -\frac{\partial \sigma_x}{\partial x} - f_x \\ \frac{\partial \tau_{xy}}{\partial x} &= -\frac{\partial \sigma_y}{\partial y} - f_y\end{aligned}\right\}$$

将上式中的第一个方程对 x 求导，第二个方程对 y 求导，然后相加，并注意 $\tau_{yx} = \tau_{xy}$，得：

$$2\frac{\partial^2 \tau_{xy}}{\partial x \partial y} = -\frac{\partial^2 \sigma_x}{\partial x^2} - \frac{\partial^2 \sigma_y}{\partial y^2} - \frac{\partial f_x}{\partial x} - \frac{\partial f_y}{\partial y}$$

代入式（a），化简以后得：

$$\left(\frac{\partial^2}{\partial x^2} + \frac{\partial^2}{\partial y^2}\right)(\sigma_x + \sigma_y) = -(1+\mu)\left(\frac{\partial f_x}{\partial x} + \frac{\partial f_y}{\partial y}\right) \tag{4-6}$$

对于平面应变问题，进行同样的推演，可以导出一个与式（4-6）相似的方程，即：

$$\left(\frac{\partial^2}{\partial x^2} + \frac{\partial^2}{\partial y^2}\right)(\sigma_x + \sigma_y) = -\frac{1}{1-\mu}\left(\frac{\partial f_x}{\partial x} + \frac{\partial f_y}{\partial y}\right) \tag{4-7}$$

但是，也可以不必进行推演，直接把方程（4-6）中的 μ 换为 $\frac{\mu}{1-\mu}$，就可以得到式（4-7）。

归纳起来讲，按应力求解平面问题时，应力分量 σ_x、σ_y、τ_{xy} 必须满足下列条件：

①区域内的平衡微分方程（3-2）；

②区域内的相容方程（4-6）或（4-7）；

③边界上的应力边界条件（3-9），其中假设只求解全部为应力边界条件的问题。

对于单连体（只有一个连续边界的物体），上述条件就是确定应力的全部条件；对于多连体（具有两个或两个以上的连续边界的物体），还须满足多连体中的位移单值条件，才能完全确定应力分量。

为了用应力分量表示位移分量，需将物理方程代入几何方程，然后通过积分等运算才能求出位移分量，因此，用应力分量表示位移分量的表达式较为复杂，且其中包含了待定的积分项，从而使用应力分量表示位移边界条件的式子十分复杂，且很难求解。所以，在按应力求解函数解答时，通常只求解全部为应力边界条件的问题。对于位移边界问题和混合边界问题，一般都不可能按应力求解而得出精确解答。

【例 4-3】 在无体力的情况下，试分析应力分量 $\sigma_x = A(x^2+y^2)$，$\sigma_y = B(x^2+y^2)$，$\tau_{xy} = Cxy$ 是否可能在弹性体中存在。

【解】 弹性体中的应力如果存在，则在单连体中必须满足平衡微分方程、相容方程和应力边界条件。

①将这三个应力分量代入平衡微分方程（3-2），得：

$$\left.\begin{aligned} 2A + C &= 0 \\ 2B + C &= 0 \end{aligned}\right\}$$

即：

$$A = B = -\frac{C}{2} \tag{a}$$

②将这三个应力分量代入相容方程（4-6）或（4-7），得：

$$A + B = 0$$

即：

$$A = -B \tag{b}$$

至此，式（a）和式（b）是矛盾的，因此，无需再考虑其他条件就可判断这三个应力分量不可能在弹性体中存在。

【例 4-4】 如图 4-2 所示的梁，体力不计，受到如图所示的荷载作用，试确定下列应力表达式中的系数 C_1 和 C_2，并验证该应力表达式是否为本问题的解。

$$\left.\begin{aligned} \sigma_x &= -\frac{q}{h^3}(6x^2y - 4y^3) \\ \sigma_y &= -\frac{2q}{h^3}y^3 - C_1y + C_2 \\ \tau_{xy} &= \frac{6qxy^2}{h^3} + C_1x \end{aligned}\right\}$$

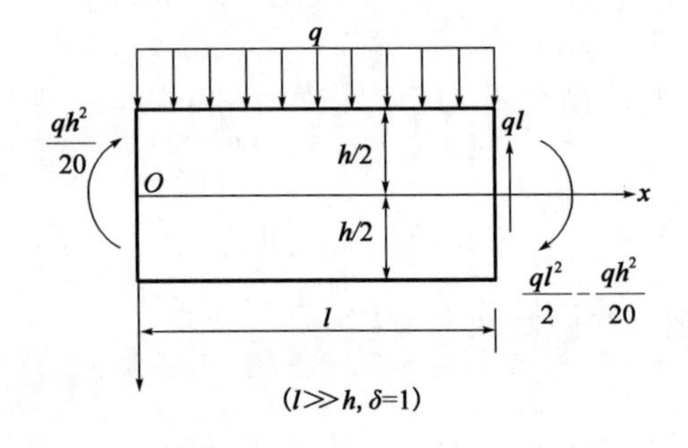

图 4-2

【解】 如果给定的这些应力是本问题的解，则在单连体中必须满足平衡微分方程、相容方程和应力边界条件。

①将这三个应力分量代入平衡微分方程（3-2），得：

$$\left.\begin{aligned} &-\frac{q}{h^3}\cdot 12xy+\frac{12qxy}{h^3}=0\\ &-\frac{2q}{h^3}\cdot 3y^2-C_1+\frac{6qy^2}{h^3}+C_1=0 \end{aligned}\right\}$$

可以看出，应力分量满足平衡微分方程。

②将这三个应力分量代入相容方程（4-6）或（4-7），得：

$$-\frac{q}{h^3}(12y-24y)-\frac{2q}{h^3}\cdot 6y=0$$

可以看出，应力分量满足相容方程。

③将这三个应力分量代入应力边界条件进行验证。

在上部主要边界上：

$$(\sigma_y)_{y=-h/2}=-q,\qquad (\tau_{yx})_{y=-h/2}=0$$

将应力分量代入，得：

$$-\frac{2q}{h^3}\left(-\frac{h^3}{8}\right)+C_1\frac{h}{2}+C_2=-q,\qquad x\left(\frac{6q}{h^3}\cdot\frac{h^2}{4}+C_1\right)=0$$

解得：

$$C_1=-\frac{3q}{2h},\qquad C_2=-\frac{q}{2}$$

将 C_1 和 C_2 代入应力表达式，得：

$$\left.\begin{aligned} \sigma_x&=-\frac{2qy}{h^3}(3x^2-2y^2)\\ \sigma_y&=-q\left(\frac{1}{2}-\frac{3y}{2h}+2\frac{y^3}{h^3}\right)\\ \tau_{xy}&=\frac{3qx}{2h}\left(4\frac{y^2}{h^2}-1\right) \end{aligned}\right\}\tag{a}$$

在下部主要边界上：

$$(\sigma_y)_{y=h/2}=0,\qquad (\tau_{yx})_{y=h/2}=0$$

将应力分量式（a）代入，满足。

在左侧次要边界上：

$$\int_{-h/2}^{h/2}(\sigma_x)_{x=0}\mathrm{d}y=0,\qquad \int_{-h/2}^{h/2}(\tau_{xy})_{x=0}\mathrm{d}y=0,\qquad \int_{-h/2}^{h/2}(\sigma_x)_{x=0}\mathrm{d}y\cdot y=\frac{qh^2}{20}$$

将应力分量式（a）代入，满足。

在右侧次要边界上：

$$\int_{-h/2}^{h/2}(\sigma_x)_{x=l}\mathrm{d}y = 0, \qquad \int_{-h/2}^{h/2}(\tau_{xy})_{x=l}\mathrm{d}y = -ql,$$

$$\int_{-h/2}^{h/2}(\sigma_x)_{x=l}\mathrm{d}y \cdot y = -\left(\frac{ql^2}{2} - \frac{qh^2}{20}\right)$$

将应力分量式（a）代入，满足。

综上所述，给定的应力分量满足平衡微分方程、相容方程和应力边界条件，因此，是本问题的解。

4.3 常体力时按应力求解平面问题

在很多实际工程问题中，体力往往是常量，即体力 f_x 和 f_y 不随坐标 (x, y) 而变化，例如重力和常加速度下平移时的惯性力等，就是常量的体力。当体力为常量时，相容方程（4-6）和（4-7）的等号右边均为零，因此，两种平面问题的相容方程均可简化为：

$$\left(\frac{\partial^2}{\partial x^2} + \frac{\partial^2}{\partial y^2}\right)(\sigma_x + \sigma_y) = 0 \tag{4-8}$$

可见，在体力为常量的情况下，$\sigma_x + \sigma_y$ 应当满足拉普拉斯微分方程，即调和方程，也就是说，$\sigma_x + \sigma_y$ 应当是调和函数。为了书写简便，用记号 ∇^2 代表 $\frac{\partial^2}{\partial x^2} + \frac{\partial^2}{\partial y^2}$，则相容方程（4-8）可简写为：

$$\nabla^2(\sigma_x + \sigma_y) = 0$$

需要说明的是，当体力为常量时，平衡微分方程（3-2）、相容方程（4-8）和应力边界条件（3-9）中都不包含弹性常数，而且对于两种平面问题都是相同的。因此，当体力为常量时，在单连体的应力边界问题中，如果两个弹性体具有相同的边界形状，并且受到同样分布的外力，那么不管这两个弹性体的材料是否相同，也不管它们是在平面应力情况下还是在平面应变情况下，应力分量 σ_x、σ_y、τ_{xy} 的分布都是相同的（两种平面问题中的应力分量 σ_z 以及形变和位移却不一定相同）。

根据上述结论，针对某种材料的物体而求出的应力分量 σ_x、σ_y、τ_{xy}，也适用于具有同样边界并受有同样外力的其他材料的物体；针对平面应力问题求出的这些应力分量，也适用于边界相同、外力相同的平面应变情况下的物体。这对于弹性力学解答在工程上的应用提供了极大的方便。

另一方面，根据上述结论，在用实验方法量测结构或构件的上述应力分量时，可以用便于量测的材料来制造模型，以代替原来不便于量测的结构或构件材料；还可以用平面应力情况下的薄板模型来代替平面应变情况下的长柱形的结构或构件。这对于实验应力分析也提供了极大的方便。

由以上的讨论可知，在常体力的情况下，按应力求解平面问题时，应力分量 σ_x、σ_y、τ_{xy} 应当满足平衡微分方程：

$$\left.\begin{aligned}\frac{\partial \sigma_x}{\partial x}+\frac{\partial \tau_{yx}}{\partial y}+f_x=0\\ \frac{\partial \sigma_y}{\partial y}+\frac{\partial \tau_{xy}}{\partial x}+f_y=0\end{aligned}\right\}\tag{a}$$

和相容方程：

$$\left(\frac{\partial^2}{\partial x^2}+\frac{\partial^2}{\partial y^2}\right)(\sigma_x+\sigma_y)=0\tag{b}$$

并在边界上满足应力边界条件：

$$\left.\begin{aligned}(l\sigma_x+m\tau_{yx})_s=\bar{f}_x(s)\\ (m\sigma_y+l\tau_{xy})_s=\bar{f}_y(s)\end{aligned}\right\}\quad(\text{在 } s_\sigma \text{ 上})\tag{c}$$

对于多连体，还需考虑位移单值条件。

首先，分析平衡微分方程式（a），这是一个非齐次微分方程组，其解答包含两部分，即它的任意一个特解加上对应的齐次微分方程的通解。

非齐次微分方程的特解可以取为：

$$\sigma_x=-f_x x,\qquad \sigma_y=-f_y y,\qquad \tau_{xy}=0\tag{d}$$

也可以取为：

$$\sigma_x=0,\qquad \sigma_y=0,\qquad \tau_{xy}=-f_x y-f_y x$$

还可以取为：

$$\sigma_x=-f_x x-f_y y,\qquad \sigma_y=-f_x x-f_y y,\qquad \tau_{xy}=0$$

以及其他各种形式，只要它们能满足式（a）即可。

与平衡微分方程（a）这个非齐次微分方程组相对应的齐次微分方程组为：

$$\left.\begin{aligned}\frac{\partial \sigma_x}{\partial x}+\frac{\partial \tau_{yx}}{\partial y}=0\\ \frac{\partial \sigma_y}{\partial y}+\frac{\partial \tau_{xy}}{\partial x}=0\end{aligned}\right\}\tag{e}$$

为了求得它的通解，可将第一个方程写为：

$$\frac{\partial \sigma_x}{\partial x} = \frac{\partial(-\tau_{yx})}{\partial y}$$

根据微分方程理论，必定存在一个函数 $A(x, y)$，使得：

$$\sigma_x = \frac{\partial A}{\partial y}, \qquad -\tau_{yx} = \frac{\partial A}{\partial x} \tag{f}$$

同理，将第二个方程改写为：

$$\frac{\partial \sigma_y}{\partial y} = \frac{\partial(-\tau_{xy})}{\partial x}$$

则也必定存在一个函数 $B(x, y)$，使得：

$$\sigma_y = \frac{\partial B}{\partial x}, \qquad -\tau_{xy} = \frac{\partial B}{\partial y} \tag{g}$$

根据切应力的互等性，$\tau_{xy} = \tau_{yx}$，由式（f）和式（g）得：

$$\frac{\partial A}{\partial x} = \frac{\partial B}{\partial y}$$

因而，对于 A 和 B 来说，又必定存在一个函数 $\Phi(x, y)$，使得：

$$A = \frac{\partial \Phi}{\partial y}, \qquad B = \frac{\partial \Phi}{\partial x} \tag{h}$$

再将式（h）分别代入式（f）和（g），则可得到应力分量与函数 $\Phi(x, y)$ 的关系：

$$\sigma_x = \frac{\partial^2 \Phi}{\partial y^2}, \qquad \sigma_y = \frac{\partial^2 \Phi}{\partial x^2}, \qquad \tau_{xy} = -\frac{\partial^2 \Phi}{\partial x \partial y} \tag{i}$$

这就是齐次微分方程组（e）的通解。将其与任一组特解叠加，例如与式（d）叠加，则可得到平衡微分方程式（a）的全解：

$$\sigma_x = \frac{\partial^2 \Phi}{\partial y^2} - f_x x, \qquad \sigma_y = \frac{\partial^2 \Phi}{\partial x^2} - f_y y, \qquad \tau_{xy} = -\frac{\partial^2 \Phi}{\partial x \partial y} \tag{4-9}$$

式中，Φ 称为平面问题的应力函数，又称为艾里应力函数。

需要特别说明的是，虽然 Φ 还是一个待定的未知函数，但是用 Φ 表示 3 个应力分量 σ_x、σ_y、τ_{xy} 后，使得平面问题的求解得到很大的简化，即待求的未知函数从 3 个变为 1 个，并从求解应力分量 σ_x、σ_y、τ_{xy} 变换为求解应力函数 Φ。

为了求解应力函数 Φ，需要分析应力函数满足的条件。由于式（4-9）所表示的应力分量应该满足相容方程（b），因此，将式（4-9）代入式（b），得：

$$\left(\frac{\partial^2}{\partial x^2}+\frac{\partial^2}{\partial y^2}\right)\left(\frac{\partial^2 \Phi}{\partial y^2}-f_x x+\frac{\partial^2 \Phi}{\partial x^2}-f_y y\right)=0$$

由于f_x和f_y为常量，则上式可简化为：

$$\left(\frac{\partial^2}{\partial x^2}+\frac{\partial^2}{\partial y^2}\right)\left(\frac{\partial^2 \Phi}{\partial x^2}+\frac{\partial^2 \Phi}{\partial y^2}\right)=0 \tag{4-10}$$

或展开而成为：

$$\frac{\partial^4 \Phi}{\partial x^4}+2\frac{\partial^4 \Phi}{\partial x^2 \partial y^2}+\frac{\partial^4 \Phi}{\partial y^4}=0 \tag{4-11}$$

式（4-11）就是用应力函数表示的相容方程。由此可见，应力函数应当满足重调和方程，也就是说，它应当是重调和函数。式（4-10）或式（4-11）可以简记为 $\nabla^2\nabla^2\Phi=0$，或者进一步简记为：

$$\nabla^4\Phi=0$$

另外，将式（4-9）代入应力边界条件（c），则应力边界条件也可以用应力函数 Φ 表示。通常为了书写简便，仍然写成式（c）的形式。

综上所述，在常体力的情况下，弹性力学平面问题中存在着一个应力函数 Φ，按应力求解平面问题时，可以归纳为求解一个应力函数 Φ，它必须满足区域内的相容方程（4-11）以及在边界上的应力边界条件（3-9）（假设全部为应力边界条件），在多连体中，还须考虑位移单值条件。从上述条件求解出应力函数 Φ 后，便可以由式（4-9）求出应力分量，然后再求出应变分量和位移分量。

4.4　逆　解　法

4.4.1　逆解法的求解思路

当体力为常量时，按应力求解平面问题，最后可以归结为求解一个应力函数 Φ，应力函数 Φ 必须满足下列条件：

（1）在区域内的相容方程，即式（4-11）：

$$\frac{\partial^4 \Phi}{\partial x^4}+2\frac{\partial^4 \Phi}{\partial x^2 \partial y^2}+\frac{\partial^4 \Phi}{\partial y^4}=0$$

（2）在边界 s 上的应力边界条件（假设全部为应力边界条件），即式(3-9)：

$$\left.\begin{aligned}(l\sigma_x + m\tau_{yx})_s &= \bar{f}_x(s)\\(m\sigma_y + l\tau_{xy})_s &= \bar{f}_y(s)\end{aligned}\right\}\quad(\text{在 } s \text{ 上})$$

（3）对于多连体，还须满足多连体中的位移单值条件。

求出应力函数 Φ 后，可以由下式求得应力分量，即：

$$\sigma_x = \frac{\partial^2 \Phi}{\partial y^2} - f_x x,\qquad \sigma_y = \frac{\partial^2 \Phi}{\partial x^2} - f_y y,\qquad \tau_{xy} = -\frac{\partial^2 \Phi}{\partial x \partial y}$$

由于相容方程（4-11）是偏微分方程，它的通解不能写成有限项数的形式，因此，一般都不能直接求解问题，而是采用逆解法或半逆解法。

所谓逆解法，就是先设定各种形式的、满足相容方程（4-11）的应力函数 Φ，并由式（4-9）求得应力分量；然后再根据应力边界条件（3-9）和弹性体的边界形状，分析这些应力分量对应边界上什么样的面力，从而得知所选取的应力函数可以解决的问题。

4.4.2 多项式解答

对于简单的弹性力学问题的求解可以采用多项式形式创建应力函数。下面给出几个通过构建应力函数求解弹性力学平面问题的例子。

假定弹性体的体力可以忽略不计，即 $f_x = f_y = 0$。

（1）取应力函数为一次式：

$$\Phi = a + bx + cy$$

这是一个最简单的线性应力函数，不管系数 a、b、c 取何值，该应力函数均能满足相容方程（4-11）。

由式（4-9）求得应力分量为：

$$\sigma_x = 0,\qquad \sigma_y = 0,\qquad \tau_{xy} = 0$$

由应力边界条件（3-9）可知，不论弹性体为任何形状，也不论坐标轴如何选择，总能得到 $\bar{f}_x = \bar{f}_y = 0$。于是可知：

①线性应力函数对应无体力、无面力、无应力的状态；

②把平面问题的应力函数加上或减去一个线性函数，并不影响应力。

（2）取应力函数为二次式：

$$\Phi = ax^2 + bxy + cy^2$$

不管系数 a、b、c 取何值，该应力函数均能满足相容方程（4-11）。下面分别考察该应力函数式中的每一项所能解决的问题。

①设 $\Phi = ax^2$，由式（4-9）求得应力分量为；

$$\sigma_x = 0, \quad \sigma_y = 2a, \quad \tau_{xy} = 0$$

由应力边界条件（3-9）可知，对于图 4-3a）所示的矩形板和坐标轴，当板内发生上述应力时，板的左右两边没有面力，而上下两边分别受有向上和向下的均布面力 $2a$。因此，应力函数 $\Phi = ax^2$ 能解决矩形板在 y 方向受均布拉力（$a>0$）或均布压力（$a<0$）的问题。

②设 $\Phi = bxy$，由式（4-9）求得应力分量为：

$$\sigma_x = 0, \quad \sigma_y = 0, \quad \tau_{xy} = -b$$

由应力边界条件（3-9）可知，对于图 4-3b）所示的矩形板和坐标轴，当板内发生上述应力时，板的左右两边分别受有向下和向上的均布面力 b，而板的上下两边分别受有向右和向左的均布面力 b。因此，应力函数 $\Phi = bxy$ 能解决矩形板受均布剪力的问题。

③设 $\Phi = cy^2$，由式（4-9）求得应力分量为：

$$\sigma_x = 2c, \quad \sigma_y = 0, \quad \tau_{xy} = 0$$

由应力边界条件（3-9）可知，对于图 4-3c）所示的矩形板和坐标轴，当板内发生上述应力时，板的左右两边分别受有向左和向右的均布面力 $2c$，而板的上下两边没有面力。因此，应力函数 $\Phi = cy^2$ 能解决矩形板在 x 方向受均布拉力（$c>0$）或均布压力（$c<0$）的问题。

归纳起来，应力函数 $\Phi = ax^2 + bxy + cy^2$ 能解决以上三种问题的叠加问题。

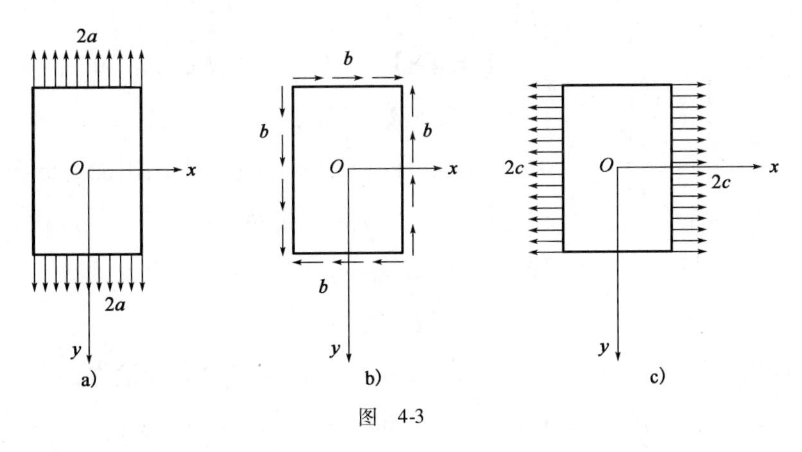

图　4-3

（3）取应力函数为三次式：

$$\Phi = ay^3$$

不论系数 a 取何值，该应力函数均能满足相容方程（4-11）。

由式（4-9）求得应力分量为：

$$\sigma_x = 6ay,\qquad \sigma_y = 0,\qquad \tau_{xy} = 0$$

由应力边界条件（3-9）可知，对于图4-4a）所示的矩形梁和坐标轴，当板内发生上述应力时，板的上下两边没有面力，而左右两边分别受有按直线变化的水平面力，且每一边上的水平面力合成为一个力偶。因此，应力函数 $\Phi = ay^3$ 能解决矩形梁受纯弯曲的问题。

另外，对于图4-4b）所示的矩形梁和坐标轴，当板内发生上述应力时，板的上下两边没有面力，而左右两边分别受有三角形分布的拉力（$a>0$）或压力（$a<0$）。因此，应力函数 $\Phi = ay^3$ 能解决矩形梁偏心受拉或偏心受压的问题。

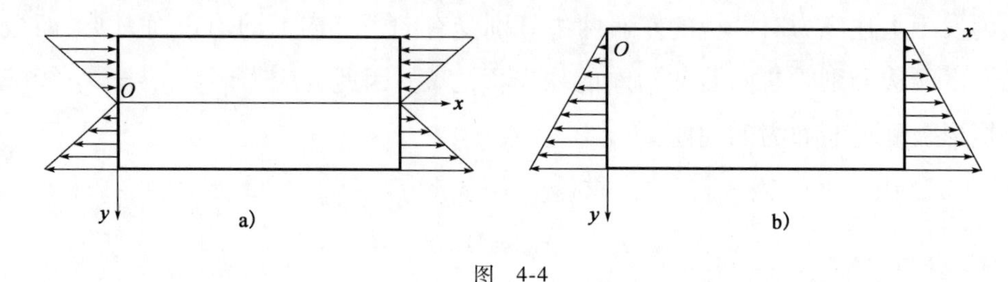

图 4-4

通过以上分析可以看出，同一个应力函数，对于不同的弹性体边界和不同的坐标轴，所能解决的问题是不一样的。

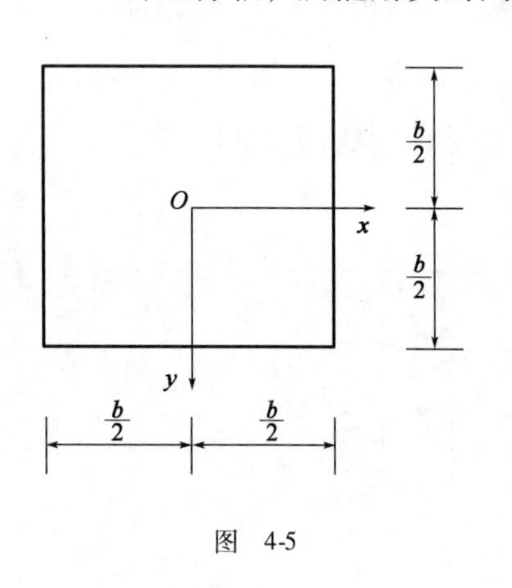

图 4-5

如果应力函数 Φ 为四次或四次以上的多项式，则其中的系数需要满足一定的条件，才能满足相容方程。

【例4-5】 试验证函数 $\Phi = a(xy^2 + x^3)$ 是否可作为应力函数。若能，试求出应力分量（不计体力），并在图4-5所示的薄板上画出面力分布。

【解】 ①将函数 $\Phi = a(xy^2 + x^3)$ 代入相容方程（4-11），满足，因此可作为应力函数。

②求应力分量。

将应力函数 $\Phi = a(xy^2 + x^3)$ 代入式（4-9）求得应力分量为：

$$\sigma_x = 2ax,\qquad \sigma_y = 6ax,\qquad \tau_{xy} = -2ay$$

③画出薄板上的面力。

利用应力边界条件（3-9），采用比较法或公式法求得薄板各边界上的面力，如图4-6所示。

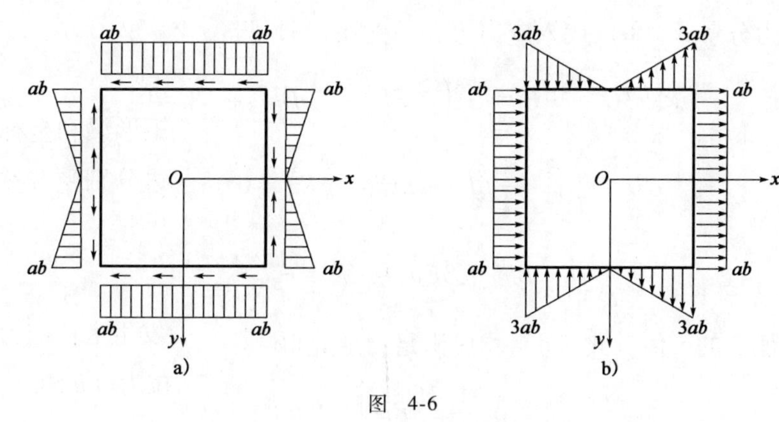

图 4-6

a）切向面力；b）法向面力

4.4.3 逆解法举例

在矩形截面的简支梁上，作用有三角形分布的荷载，如图 4-7 所示，不计体力，试用应力函数

$$\Phi = Ax^3y^3 + Bxy^5 + Cx^3y + Dxy^3 + Ex^3 + Fxy$$

求解应力分量。

（1）将应力函数 Φ 代入相容方程(4-11)得：

$$72A + 120B = 0$$

即：

$$A = -\frac{5}{3}B$$

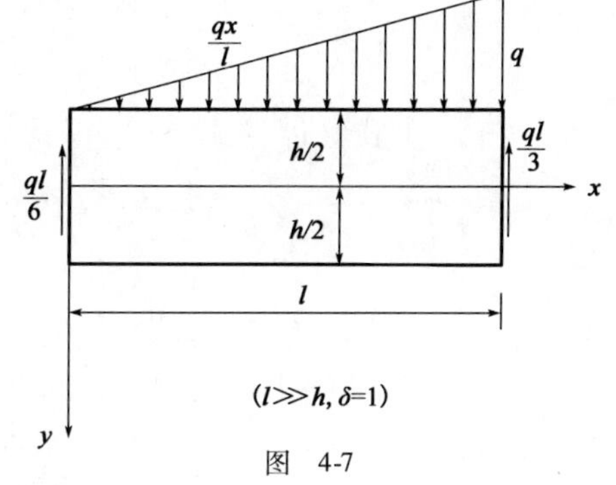

图 4-7

再将上式代入应力函数 Φ 得：

$$\Phi = -\frac{5}{3}Bx^3y^3 + Bxy^5 + Cx^3y + Dxy^3 + Ex^3 + Fxy \tag{a}$$

（2）在无体力的情况下，根据式（4-9）求得应力分量为：

$$\begin{cases} \sigma_x = -10Bx^3y + 20Bxy^3 + 6Dxy \\ \sigma_y = -10Bxy^3 + 6Cxy + 6Ex \\ \tau_{xy} = -(-15Bx^2y^2 + 5By^4 + 3Cx^2 + 3Dy^2 + F) \end{cases} \tag{b}$$

（3）分析上下两个主要边界（$y = \pm h/2$）的应力边界条件，得：

$$(\tau_{yx})_{y=\pm h/2} = 0, \quad (\sigma_y)_{y=h/2} = 0, \quad (\sigma_y)_{y=-h/2} = -\frac{qx}{l} \tag{c}$$

将应力分量式（b）代入应力边界条件式（c）得：

$$x^2\left(3C-\frac{15}{4}Bh^2\right)+\left(\frac{5}{16}Bh^4+\frac{3}{4}Dh^2+F\right)=0 \tag{d}$$

$$x\left(-\frac{5}{4}Bh^3+3Ch+6E\right)=0 \tag{e}$$

$$x\left(\frac{5}{4}Bh^3-3Ch+6E\right)=-q\frac{x}{l} \tag{f}$$

对于任意的 x 值，式（d）均应满足，由此得：

$$3C-\frac{15}{4}Bh^2=0 \tag{g}$$

$$\frac{5}{16}Bh^4+\frac{3}{4}Dh^2+F=0 \tag{h}$$

由式（e）+式（f）得：

$$E=-\frac{q}{12l}$$

由式（e）-式（f）得：

$$-\frac{5}{4}Bh^2+3C=\frac{q}{2lh} \tag{i}$$

由式（i）-式（g）得：

$$B=\frac{q}{5lh^3},\qquad C=\frac{q}{4lh}$$

（4）分析左边小边界（$x=0$）上的应力边界条件，得：

$$\int_{-h/2}^{h/2}(\tau_{xy})_{x=0}\mathrm{d}y=\frac{ql}{6}$$

即：

$$B\frac{h^5}{16}+D\frac{h^3}{4}+Fh=-\frac{ql}{6} \tag{j}$$

由式（h）和式（j）解出：

$$D=q\left(\frac{l}{3h^3}-\frac{1}{10lh}\right),\qquad F=q\left(\frac{h}{80l}-\frac{l}{4h}\right)$$

在 $x=0$ 的次要边界上，另两个积分的应力边界条件：

$$\begin{cases}\int_{-h/2}^{h/2}(\sigma_x)_{x=0}\mathrm{d}y=0\\ \int_{-h/2}^{h/2}(\sigma_x)_{x=0}\mathrm{d}y\cdot y=0\end{cases}$$

显然是满足的。

于是，将各系数代入应力分量的表达式（b），得应力解答为：

$$
\begin{cases}
\sigma_x = 2q\dfrac{xy}{lh}\left(\dfrac{l^2 - x^2}{h^2} + 2\dfrac{y^2}{h^2} - \dfrac{3}{10}\right) \\
\sigma_y = -q\dfrac{x}{2l}\left(1 - 3\dfrac{y^2}{h^2} + 4\dfrac{y^3}{h^3}\right) \\
\tau_{xy} = \dfrac{q}{4}\left(1 - 4\dfrac{y^2}{h^2}\right)\left(\dfrac{l}{h} - 3\dfrac{x^2}{lh} - \dfrac{h}{20l} + \dfrac{y^2}{lh}\right)
\end{cases}
$$

在 $x=l$ 的次要边界上，下列条件都是满足的：

$$
\int_{-h/2}^{h/2}(\sigma_x)_{x=l}\mathrm{d}y = 0,\qquad \int_{-h/2}^{h/2}(\sigma_x)_{x=l}\mathrm{d}y\cdot y = 0,\qquad \int_{-h/2}^{h/2}(\tau_{xy})_{x=l}\mathrm{d}y = -\frac{ql}{3}
$$

4.5　半逆解法

4.5.1　半逆解法的求解思路

所谓半逆解法，就是针对所要求解的问题，根据弹性体的边界形状和受力情况，假设部分或全部应力分量的函数形式，并推导出应力函数的形式，然后代入相容方程（4-11），求出应力函数的具体表达式；再利用式（4-9）由应力函数求得应力分量，并考察这些应力分量能否满足全部应力边界条件（对于多连体，还须满足位移单值条件）。如果所有条件都能满足，自然得出的就是正确解答；如果某方程的条件不能满足，就要另作假设，重新进行求解。

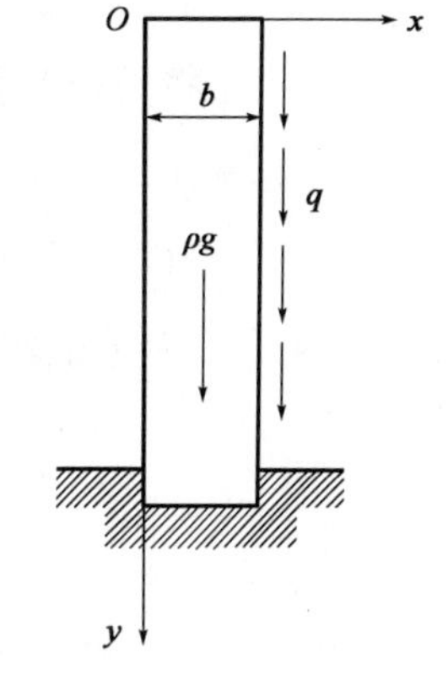

图　4-8

4.5.2　应力分析半逆解法

设有矩形截面的长竖柱，密度为 ρ，在一边侧面上受均布剪力 q，如图 4-8 所示，试求解应力分量。

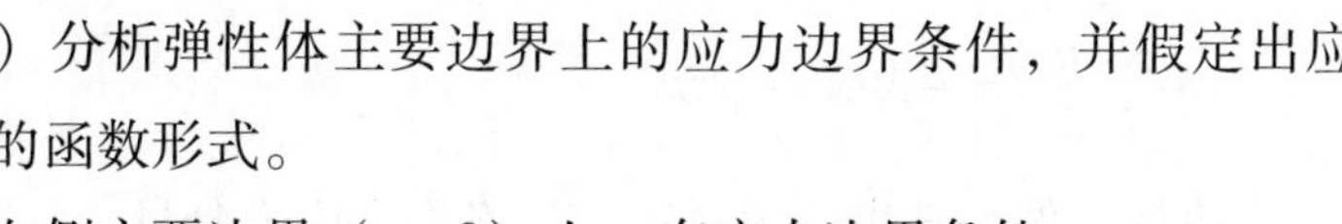

（1）分析弹性体主要边界上的应力边界条件，并假定出应力分量的函数形式。

在左侧主要边界（$x=0$）上，有应力边界条件：

$$
(\sigma_x)_{x=0} = 0,\qquad (\tau_{xy})_{x=0} = 0
$$

在右侧主要边界（$x=b$）上，有应力边界条件：

$$(\sigma_x)_{x=b}=0, \qquad (\tau_{xy})_{x=l}=q$$

可以看出，$\sigma_x=0$ 在左右两个主要边界上均成立，因此，可以假定在整个弹性体区域内均有：

$$\sigma_x=0$$

（2）利用假定的应力分量的函数形式，推导出应力函数的形式。

将 $\sigma_x=0$ 代入应力分量的表达式（4-9）中，得：

$$\frac{\partial^2 \Phi}{\partial y^2}=0$$

对 y 进行二次积分，得应力函数：

$$\Phi=f_1(x)y+f_2(x) \tag{a}$$

式中，$f_1(x)$ 和 $f_2(x)$ 都是待定的 x 的函数。

（3）将应力函数代入相容方程，求出应力函数的具体表达式。

为了使应力函数满足相容方程，将式（a）代入相容方程（4-11）得：

$$f_1^{(4)}(x)y+f_2^{(4)}(x)=0 \tag{b}$$

由于式（b）对任意的 x、y 均成立，则有：

$$f_1^{(4)}(x)=f_2^{(4)}(x)=0$$

从而求得：

$$f_1(x)=Ax^3+Bx^2+Cx, \qquad f_2(x)=Dx^3+Ex^2$$

将 $f_1(x)$ 和 $f_2(x)$ 的表达式代入式（a），则得应力函数的具体表达式为：

$$\Phi=(Ax^3+Bx^2+Cx)y+Dx^3+Ex^2 \tag{c}$$

（4）由应力函数求出应力分量。

将应力函数的表达式（c）代入式（4-9），求得各应力分量为：

$$\begin{cases}\sigma_x=\dfrac{\partial^2 \Phi}{\partial y^2}-f_x x=0\\ \sigma_y=\dfrac{\partial^2 \Phi}{\partial x^2}-f_y y=6Axy+2By+6Dx+2E-\rho g y\\ \tau_{xy}=-\dfrac{\partial^2 \Phi}{\partial x \partial y}=-3Ax^2-2Bx-C\end{cases} \tag{d}$$

（5）分析应力边界条件，求出待定系数，最终确定应力分量。

在主要边界（$x=0$，$x=b$）上：

$$(\sigma_x)_{x=0}=0,\qquad (\sigma_x)_{x=b}=0\qquad (满足)$$

$$(\tau_{xy})_{x=0}=-C=0,\qquad 得\ C=0 \tag{e}$$

$$(\tau_{xy})_{x=b}=-3Ab^2-2Bb=q \tag{f}$$

在左侧小边界（$y=0$）上，根据圣维南原理，可以得到：

$$\int_0^b(\sigma_y)_{y=0}\mathrm{d}x=\int_0^b(6Dx+2E)\mathrm{d}x=0,\qquad 得\ 3Db+2E=0 \tag{g}$$

$$\int_0^b(\tau_{yx})_{y=0}\mathrm{d}x=\int_0^b(-3Ax^2-2Bx)\mathrm{d}x=0,\qquad 得\ Ab+B=0 \tag{h}$$

$$\int_0^b(\sigma_y)_{y=0}\mathrm{d}x\cdot x=\int_0^b(6Dx+2E)x\mathrm{d}x=0,\qquad 得\ 2Db+E=0 \tag{i}$$

联立式（f）、式（g）、式（h）和式（i）并进行求解，可得：

$$A=-\frac{q}{b^2},\quad B=\frac{q}{b},\quad D=E=0 \tag{j}$$

将式（e）和式（j）代入式（d），可以得到应力分量为：

$$\sigma_x=0,\qquad \sigma_y=-\frac{6q}{b^2}xy+\frac{2q}{b}y-\rho gy,\qquad \tau_{xy}=\frac{3q}{b^2}x^2-\frac{2qx}{b}$$

4.5.3　量纲分析半逆解法

三角形悬臂梁如图4-9所示，只受重力作用，梁的密度为ρ，试求该梁的应力分量。

（1）通过量纲分析，确定应力函数。

物体内任意一点的应力分量应当与重力呈正比，还与α、x、y有关。由于应力的量纲是$\mathrm{L}^{-1}\mathrm{MT}^{-2}$，$\rho g$的量纲是$\mathrm{L}^{-2}\mathrm{MT}^{-2}$，$\alpha$的量纲为1，$x$和$y$的量纲是L，因此，如果应力分量具有多项式解答，那么它们的表达式只可能是$a\rho gx$和$b\rho gy$两种项的组合，而a和b是只与α有关的无量纲的量，也就是说，各应力分量表达式只可能是x和y的纯一次式。

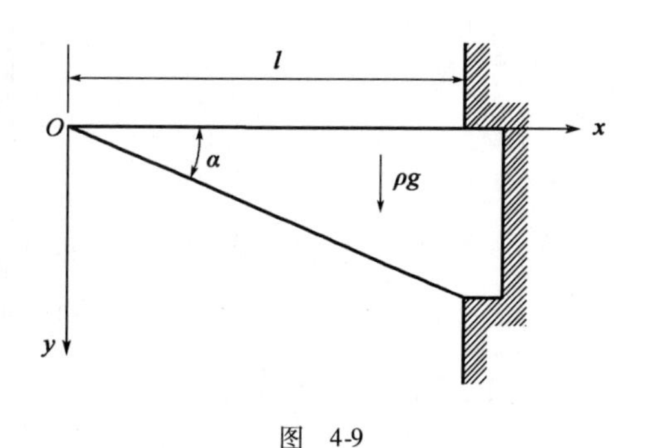

图　4-9

由应力函数与应力分量的关系式（4-9）可知，应力函数比应力分量的长度量纲高二次，即应力函数应该是x和y的纯三次式。因此，假设应力函数为：

$$\Phi = Ax^3 + Bx^2y + Cxy^2 + Dy^3 \tag{a}$$

（2）将应力函数代入相容方程进行验证。

将应力函数式（a）代入相容方程（4-11）可知，假设的应力函数满足相容方程。

（3）由应力函数求解应力分量。

将应力函数式（a）代入式（4-9），求得应力分量为：

$$\begin{cases} \sigma_x = \dfrac{\partial^2 \Phi}{\partial y^2} - f_x x = 2Cx + 6Dy \\ \sigma_y = \dfrac{\partial^2 \Phi}{\partial x^2} - f_y y = 6Ax + 2By - \rho g y \\ \tau_{xy} = -\dfrac{\partial^2 \Phi}{\partial x \partial y} = -2Bx - 2Cy \end{cases} \tag{b}$$

（4）利用应力边界条件，确定待定常数，并最终确定应力分量。

在上部直边界（$y=0$）上，有应力边界条件：

$$(\sigma_y)_{y=0} = 0, \qquad (\tau_{yx})_{y=0} = 0$$

将式（b）代入，得：

$$6Ax = 0, \qquad -2Bx = 0$$

从而解得：

$$A = 0, \qquad B = 0$$

将 $A=0$ 和 $B=0$ 代入式（b），可得：

$$\begin{cases} \sigma_x = 2Cx + 6Dy \\ \sigma_y = -\rho g y \\ \tau_{xy} = -2Cy \end{cases} \tag{c}$$

在下部斜边界（$y = x\tan\alpha$）上，有：

$$l = \cos(90° + \alpha) = -\sin\alpha, \qquad m = \cos\alpha$$

应力边界条件为：

$$\begin{cases} -\sin\alpha(\sigma_x)_{y=x\tan\alpha} + \cos\alpha(\tau_{yx})_{y=x\tan\alpha} = 0 \\ \cos\alpha(\sigma_y)_{y=x\tan\alpha} - \sin\alpha(\tau_{xy})_{y=x\tan\alpha} = 0 \end{cases}$$

将式（c）代入上式，可得：

$$\begin{cases} -\sin\alpha(2Cx + 6Dx\tan\alpha) + \cos\alpha(-2Cx\tan\alpha) = 0 \\ \cos\alpha(-\rho g x\tan\alpha) - \sin\alpha(-2Cx\tan\alpha) = 0 \end{cases}$$

从而解得：

$$C = \frac{\rho g}{2}\cot\alpha, \qquad D = -\frac{\rho g}{3}\cot^2\alpha \tag{d}$$

（5）将式（d）代入式（c），得到应力解答为：

$$\begin{cases} \sigma_x = \rho g x \cot\alpha - 2\rho g y \cot^2\alpha \\ \sigma_y = -\rho g y \\ \tau_{xy} = -\rho g y \cot\alpha \end{cases}$$

4.6　位移分量的求解

设有矩形截面的长梁（长度 l 远大于高度 h），其厚度远小于高度和长度（近似的平面应力问题），或者远大于高度和长度（近似的平面应变问题），在两端受到相反的力偶而弯曲，体力不计。为了方便，取单位宽度的梁来分析，如图 4-10 所示，并令每单位宽度上力偶的矩为 M，M 的量纲为 LMT^{-2}。已知该矩形梁的应力分量为：

$$\sigma_x = \frac{M}{I}y, \qquad \sigma_y = 0, \qquad \tau_{xy} = \tau_{yx} = 0$$

式中，$I = \frac{h^3}{12}$，是梁截面的惯性矩，试求该矩形梁的位移分量。

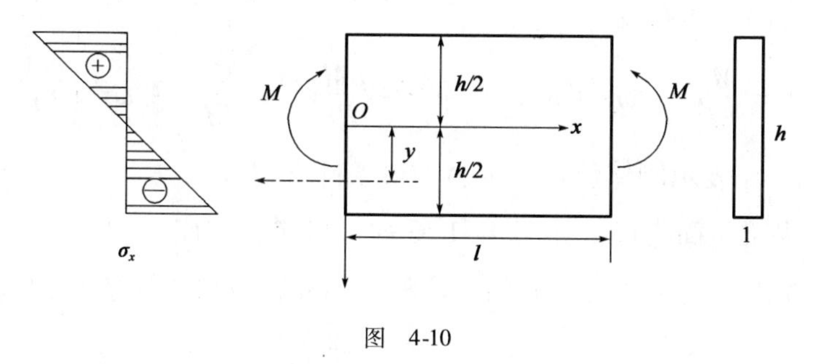

图　4-10

假定这是一个平面应力问题。首先，将已知的应力分量代入物理方程（3-6），得形变分量为：

$$\varepsilon_x = \frac{M}{EI}y, \qquad \varepsilon_y = -\frac{\mu M}{EI}y, \qquad \gamma_{xy} = 0 \tag{a}$$

然后，再将式（a）的形变分量代入几何方程（3-3），得：

$$\frac{\partial u}{\partial x}=\frac{M}{EI}y,\qquad \frac{\partial v}{\partial y}=-\frac{\mu M}{EI}y,\qquad \frac{\partial v}{\partial x}+\frac{\partial u}{\partial y}=0 \tag{b}$$

对式（b）中的前两式积分，可得：

$$u=\frac{M}{EI}xy+f_1(y),\qquad v=-\frac{\mu M}{2EI}y^2+f_2(x) \tag{c}$$

式中，$f_1(y)$ 和 $f_2(x)$ 分别是 y 和 x 的待定函数，可以通过式（b）中的第三式求出。

将（c）代入式（b）中的第三式，得：

$$\frac{\mathrm{d}f_2(x)}{\mathrm{d}x}+\frac{M}{EI}x+\frac{\mathrm{d}f_1(y)}{\mathrm{d}y}=0$$

将上式移项可得：

$$-\frac{\mathrm{d}f_1(y)}{\mathrm{d}y}=\frac{\mathrm{d}f_2(x)}{\mathrm{d}x}+\frac{M}{EI}x$$

可以看出，等式左边只是 y 的函数，而等式右边只是 x 的函数，因此，等式两边只可能都等于同一常数 ω。于是有：

$$\frac{\mathrm{d}f_1(y)}{\mathrm{d}y}=-\omega,\qquad \frac{\mathrm{d}f_2(x)}{\mathrm{d}x}=-\frac{M}{EI}x+\omega$$

积分以后得：

$$f_1(y)=-\omega y+u_0,\qquad f_2(x)=-\frac{M}{2EI}x^2+\omega x+v_0$$

代入式（c），得位移分量：

$$u=\frac{M}{EI}xy-\omega y+u_0,\qquad v=-\frac{\mu M}{EI}y^2-\frac{M}{2EI}x^2+\omega x+v_0 \tag{d}$$

式中，ω、u_0、v_0 表示刚体位移，须由约束条件求得。

（1）如果梁是简支梁，如图 4-11 所示，则在铰支座 O 处没有水平位移和铅直位移，在连杆支座 A 处没有铅直位移，因此，位移边界条件是：

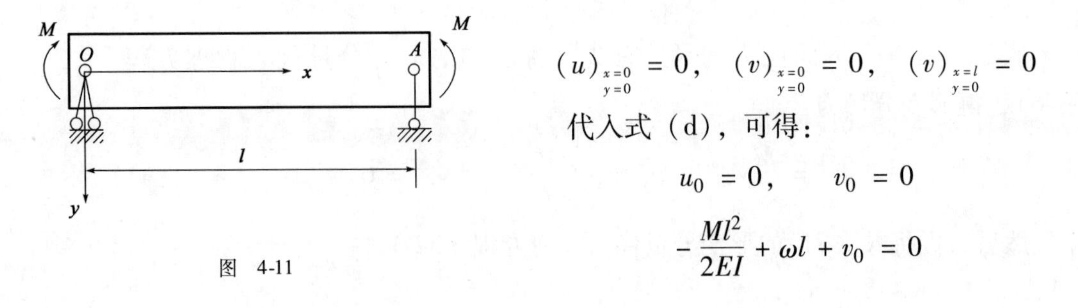

图 4-11

$$(u)_{\substack{x=0\\y=0}}=0,\quad (v)_{\substack{x=0\\y=0}}=0,\quad (v)_{\substack{x=l\\y=0}}=0$$

代入式（d），可得：

$$u_0=0,\qquad v_0=0$$

$$-\frac{Ml^2}{2EI}+\omega l+v_0=0$$

求出常数 ω、u_0、v_0 后，代入式（d）就可得到该简支梁的位移分量，即：

$$u = \frac{M}{EI}\left(x - \frac{l}{2}\right)y, \qquad v = \frac{M}{2EI}(l - x)x - \frac{\mu M}{2EI}y^2$$

（2）如果梁是悬臂梁，左端自由而右端完全固定，如图 4-12 所示，则在梁的右端（$x = l$），对于 y 的任何值$\left(-\frac{h}{2} \leqslant y \leqslant \frac{h}{2}\right)$，都要求 $u = 0$ 和 $v = 0$。在多项式解答中，这个条件是无法满足的。在工程实际中，这种完全固定的约束条件也是不大可能实现的。因此，参考材料力学的处理方法，假定右端截面的中点不移动，该点的水平线段不转动，这时，位移边界条件是：

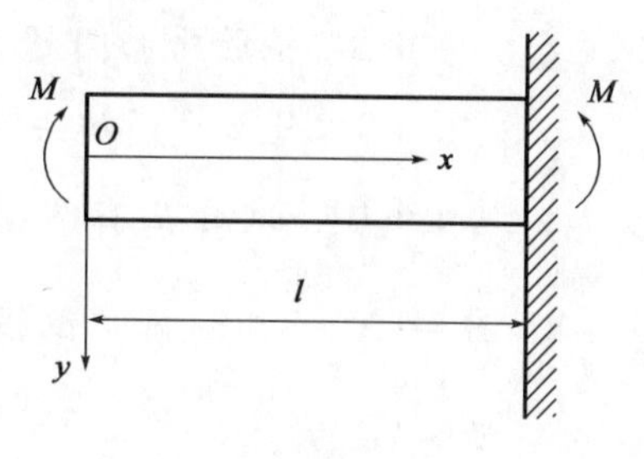

图　4-12

$$(u)_{\substack{x=l\\y=0}} = 0, \qquad (v)_{\substack{x=l\\y=0}} = 0, \qquad \left(\frac{\partial v}{\partial x}\right)_{\substack{x=l\\y=0}} = 0$$

将上式代入式（d），得：

$$u_0 = 0, \qquad -\frac{Ml^2}{2EI} + \omega l + v_0 = 0, \qquad -\frac{Ml}{EI} + \omega = 0$$

求解得：

$$\omega = \frac{Ml}{EI}, \qquad u_0 = 0, \qquad v_0 = -\frac{Ml^2}{2EI}$$

代入式（d），得到该悬臂梁的位移分量为：

$$u = -\frac{M}{EI}(l - x)y, \qquad v = -\frac{M}{2EI}(l - x)^2 - \frac{\mu M}{2EI}y^2$$

对于平面应变情况下的梁，须在以上的形变公式和位移公式中，把 E 换为$\frac{E}{1-\mu^2}$，把 μ 换为$\frac{\mu}{1-\mu}$。

思考与练习

4-1　简述按位移求解和按应力求解弹性力学平面问题的思路。

4-2　检验平面问题中的位移分量是否为正确解答的条件是什么？

4-3　按位移求解平面问题的优缺点是什么？

4-4　按应力求解平面问题时，为什么通常只求解全部为应力边界条件的问题？

4-5　简述形变协调方程的物理意义。

4-6　检验平面问题中的应力分量是否为正确解答的条件是什么？

4-7　体力为常量时，应力分量应当满足的条件有哪些特点？这些特点的物理意义是什么？

4-8　检验平面问题中的应力函数 Φ 是否为正确解答的条件是什么？

4-9　什么是逆解法？什么是半逆解法？

4-10　设有左右两端为无限长的薄平板，仅受竖向重力 ρg 的作用，如图 4-13所示，试证明位移分量 $u=0$、$v=-\frac{1-\mu^2}{2E}\rho g y(b-y)$ 是本问题的弹性力学解答。

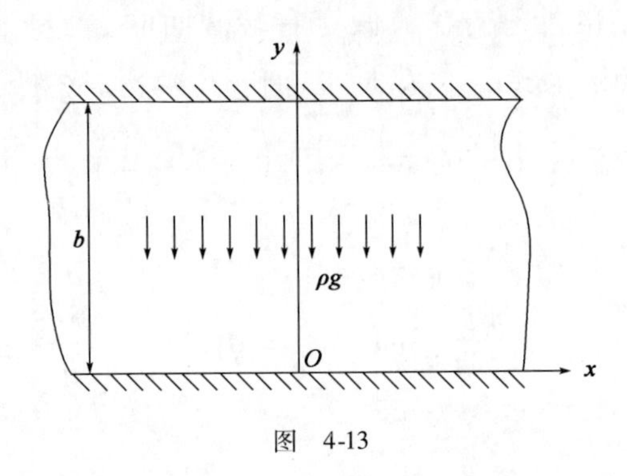

图　4-13

4-11　如图 4-14 所示的厚度 $\delta=1$ 的悬臂梁，在自由端受集中力 F 的作用，试检验位移分量

$$\left.\begin{aligned} u &= -\frac{Fx^2y}{2EI}-\frac{\mu Fy^3}{6EI}+\frac{Fy^3}{6IG}+\left(\frac{Fl^2}{2EI}-\frac{Fh^2}{8IG}\right)y \\ v &= \frac{\mu Fxy^2}{2EI}+\frac{Fx^3}{6EI}-\frac{Fl^2x}{2EI}+\frac{Fl^3}{3EI} \end{aligned}\right\}$$

是否为本问题的解答。

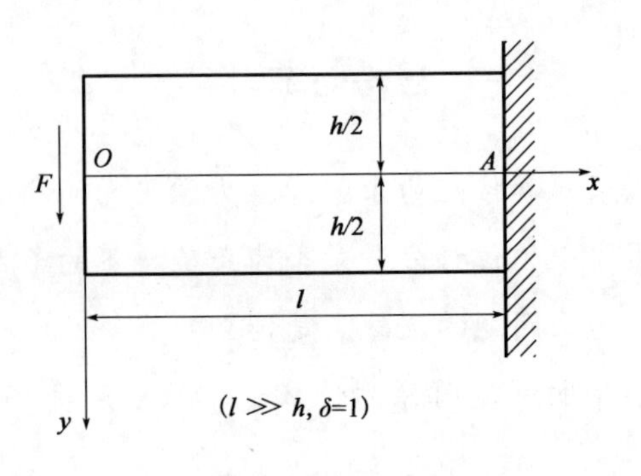

图　4-14

4-12　试分析平面问题的应变分量 $\varepsilon_x = Axy$、$\varepsilon_y = By^3$、$\gamma_{xy} = C - Dy^2$ 是否可能存在。

4-13　在无体力的情况下，试分析应力分量 $\sigma_x = Ax + By$、$\sigma_y = Cx + Dy$、$\tau_{xy} = Ex + Fy$ 是否可能在弹性体中存在。

4-14　假设体力不是常量，而是有势的力，即体力分量可以表示为 $f_x = -\dfrac{\partial V}{\partial x}$，$f_y = -\dfrac{\partial V}{\partial y}$，其中，$V$ 是势函数。对应的弹性力学平面问题的应力分量可用应力函数表示为：

$$\sigma_x = \frac{\partial^2 \Phi}{\partial y^2} + V, \qquad \sigma_y = \frac{\partial^2 \Phi}{\partial x^2} + V, \qquad \tau_{xy} = -\frac{\partial^2 \Phi}{\partial x \partial y}$$

试导出相应的相容方程。

4-15　试检验应力分量 $\sigma_x = \dfrac{y^2}{b^2}q$、$\sigma_y = \tau_{xy} = 0$ 是否为如图 4-15 所示的平面问题的解答。

4-16　试检验应力分量 $\sigma_x = -2q\dfrac{x^3 y}{lh^3}$、$\sigma_y = \dfrac{3q}{2}\dfrac{xy}{lh} - 2q\dfrac{xy^3}{lh^3} - \dfrac{q}{2}\dfrac{x}{l}$、$\tau_{xy} = -\dfrac{3q}{4}\dfrac{x^2}{lh^3}(h^2 - 4y^2)$ 是否为如图 4-16 所示的悬臂梁的解答。

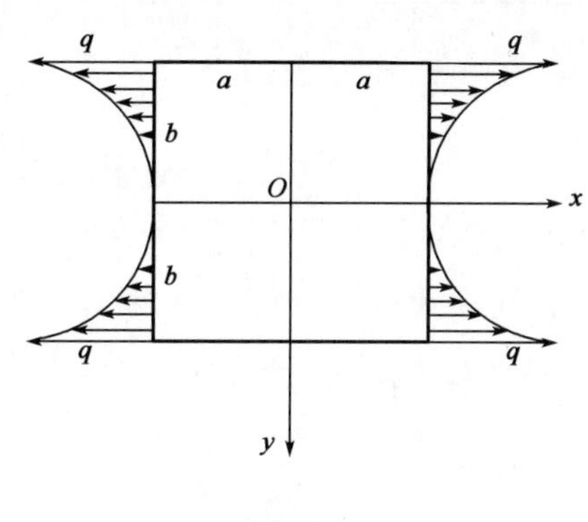

图　4-15

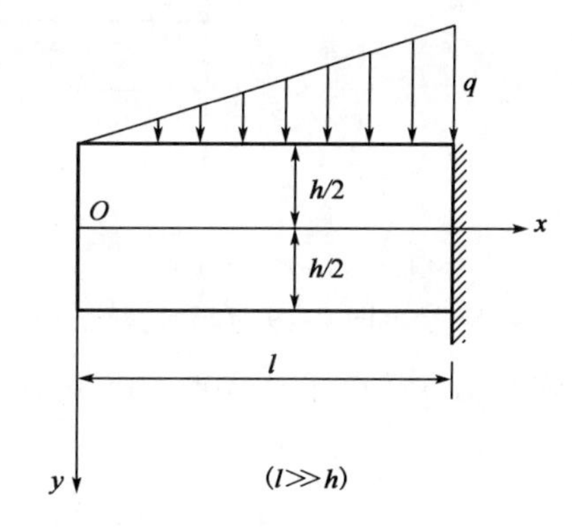

图　4-16

4-17　试验证函数 $\Phi = a(xy^2 + x^3)$ 是否可作为应力函数。若能，试求出应力分量（不计体力），并在图 4-17 所示的两个薄板上画出面力分布。

4-18　试验证 $\Phi = Ax^4 + Bx^3y + Cx^2y^2 + Dxy^2 + Ey^4$ 可否作为平面问题的应力函数。

4-19　如果 Φ 为平面调和函数，即它满足 $\nabla^2 \Phi = 0$，试分析 $x\Phi$、$y\Phi$、$(x^2 + y^2)\Phi$ 可否作为应力函数。

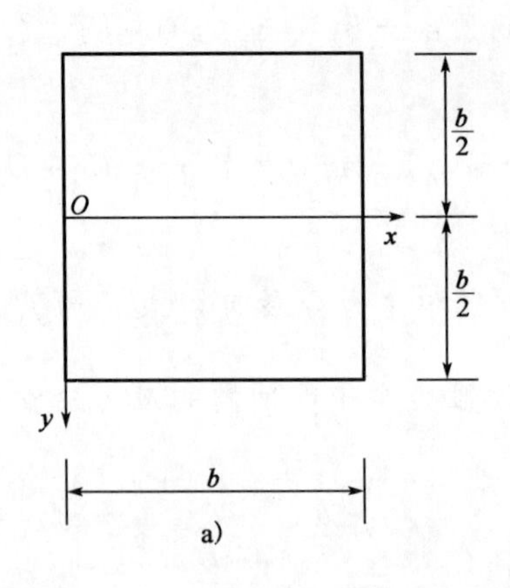

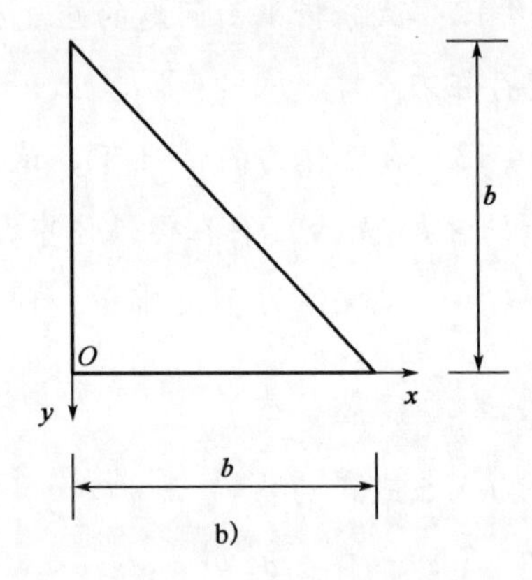

图 4-17

4-20 试分析应力函数 $\Phi=\frac{F}{2h^3}xy(3h^2-4y^2)$ 能否满足相容方程。如能，试求出应力分量（不计体力），并画出图 4-18 所示矩形体边界上的面力分布（在次要边界上画出面力的主矢量和主矩），指出该应力函数所能解决的问题。

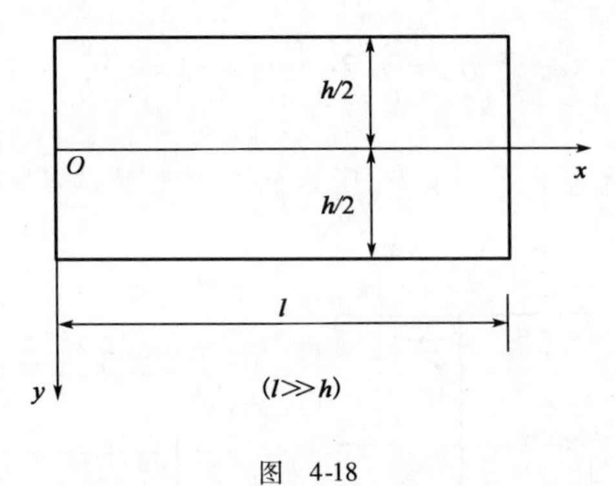

图 4-18

4-21 如图 4-19 所示的墙，高度为 h，宽度为 b，$h\gg b$，在两侧面上受到均布剪力 q 的作用，试用应力函数 $\Phi=Axy+Bx^3y$ 求解应力分量。

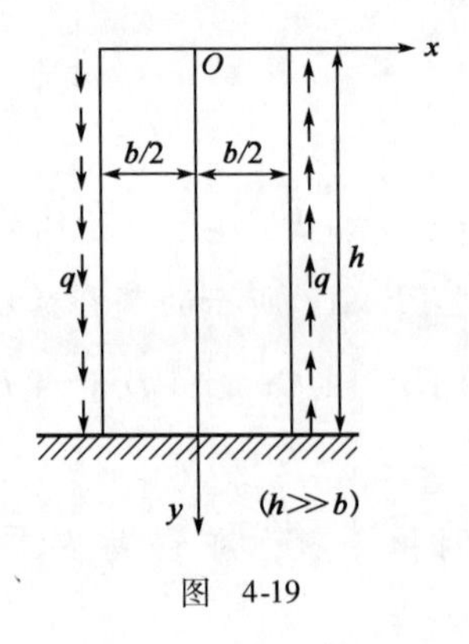

图 4-19

4-22　设单位厚度的悬臂梁在左端受到集中力和力矩的作用，如图 4-20 所示，$l \gg h$，体力不计，试用应力函数 $\Phi = Axy + By^2 + Cy^3 + Dxy^3$ 求解应力分量。

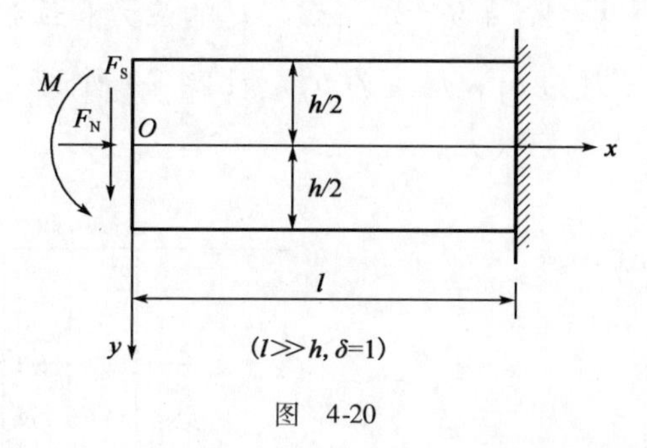

图　4-20

4-23　如图 4-21 所示的悬臂梁，长度为 l，高度为 h，$l \gg h$，在上边界受均布荷载 q 的作用，试验证应力函数 $\Phi = Ay^5 + Bx^2y^3 + Cy^3 + Dx^2 + Ex^2y$ 能否成为此问题的解；如可以，试求出应力分量。

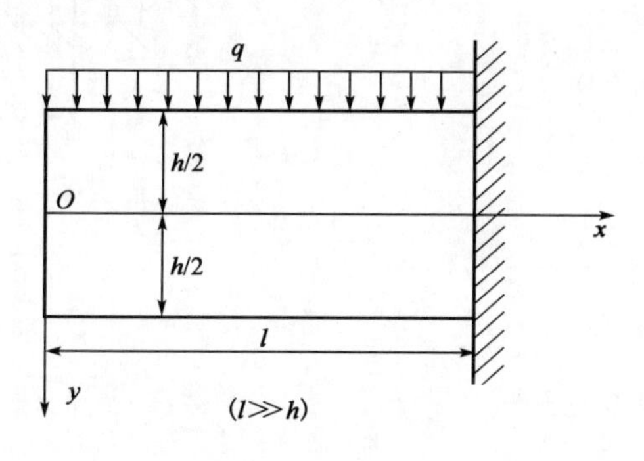

图　4-21

4-24　矩形截面的柱体受到顶部的集中力 $\sqrt{2}F$ 和力矩 M 的作用，如图 4-22 所示，不计体力，试用应力函数 $\Phi = Ay^2 + Bxy + Cxy^3 + Dy^3$ 求解其应力分量。

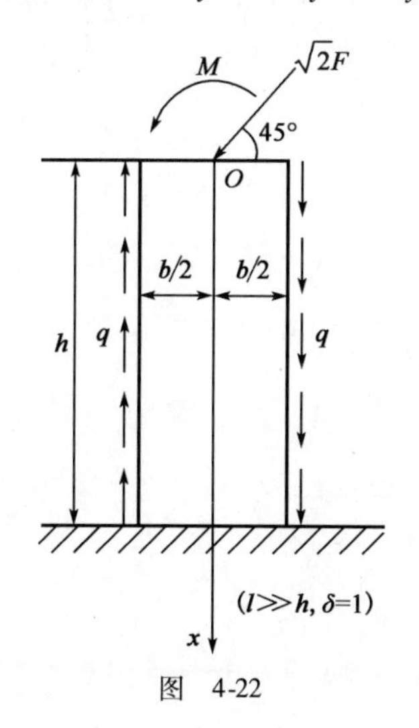

图　4-22

4-25　如图4-23所示的矩形截面柱体，在顶部受集中力F和力矩$M=\dfrac{Fb}{2}$的作用，试用应力函数$\Phi=Ax^3+Bx^2$求解该问题的应力和位移。

4-26　挡水墙的密度为ρ_1，厚度为b，如图4-24所示，水的密度为ρ_2，试求解应力分量。

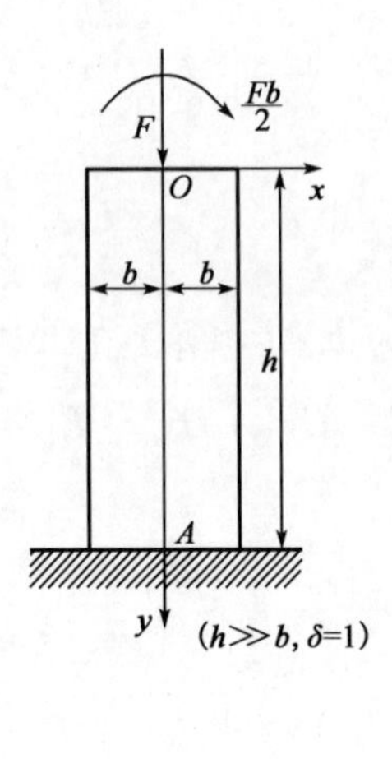

图　4-23

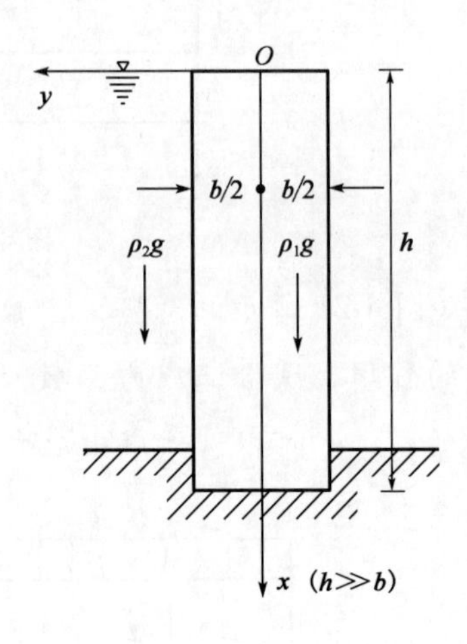

图　4-24

第5章

极坐标系中弹性力学平面问题的求解

5.1 极坐标与直角坐标的关系

对于具有圆弧形边界的弹性体，如圆板、圆环、曲梁、厚壁圆筒、扇形体、楔形体等，在极坐标系中求解比在直角坐标系中求解更加简便。这是因为用极坐标表示这些物体的边界非常方便，从而使弹性体边界条件的表示和方程的求解都得到很大的简化。

在极坐标系中，平面内任一点 P 的位置可以用径向坐标 ρ 和环向坐标 φ 来表示，如图5-1所示。径向坐标 ρ 表示 P 点到坐标原点 O 的距离，也就是这两点构成的矢径，以背离坐标原点 O 的方向为正。环向坐标 φ 是矢径 ρ 与 x 坐标轴的夹角，当从 x 轴转向 y 轴方向时形成的 φ 为正。

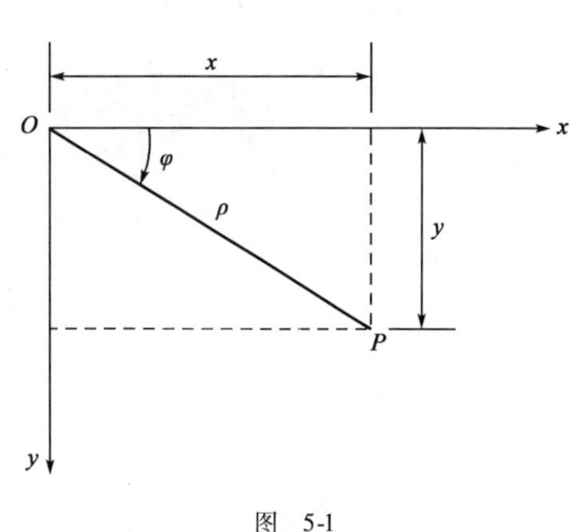

图 5-1

由图5-1可知，直角坐标可用极坐标表示为：

$$x = \rho\cos\varphi, \qquad y = \rho\sin\varphi$$

同样，极坐标也可用直角坐标表示为：

$$\rho = \sqrt{x^2 + y^2}, \qquad \varphi = \arctan\frac{y}{x}$$

垂直于图示平面的坐标为 z，对于平面问题，可认为物体在 z 轴方向的尺寸很大（平面应变问题）或者很小（平面应力问题）。在后续的推导过程中，

均假定物体在 z 轴方向的尺寸为一个单位。

极坐标系和直角坐标系都是正交坐标系，但两者有以下区别：在直角坐标系中，x 坐标和 y 坐标都是直线，有固定的方向，x 坐标和 y 坐标的量纲都是 L。在极坐标系中，ρ 坐标线（φ = 常数时）和 φ 坐标线（ρ = 常数时）在不同的点有不同的方向；ρ 坐标线是直线，而 φ 坐标线为圆弧曲线；ρ 坐标的量纲是 L，而 φ 坐标为量纲一的量。

5.2 极坐标中的平衡微分方程

为了推导出极坐标中的平衡微分方程，从待分析的薄板或长柱形体中取出任一厚度等于 1 的微分体 $PACB$，如图 5-2 所示。在 xy 平面上，这个微分体是由两条径向线（夹角为 $\mathrm{d}\varphi$）和两条环向线（距离为 $\mathrm{d}\rho$）所围成的。沿 ρ 方向的正应力称为径向正应力，用 σ_ρ 表示；沿 φ 方向的正应力称为环向正应力或切向正应力，用 σ_φ 表示；切应力用 $\tau_{\rho\varphi}$ 和 $\tau_{\varphi\rho}$ 表示，根据切应力的互等性可知，$\tau_{\rho\varphi}=\tau_{\varphi\rho}$。在极坐标系中，各应力分量的正负号规定和直角坐标系中一样，只是 ρ 方向代替了 x 方向，φ 方向代替了 y 方向，即正面上的应力以沿坐标轴正方向为正，负面上的应力以沿坐标轴负方向为正，反之为负。图 5-2 中所示的应力分量都是正的。径向和环向的体力分量分别用 f_ρ 和 f_φ 表示，以沿坐标轴正方向为正，反之为负。

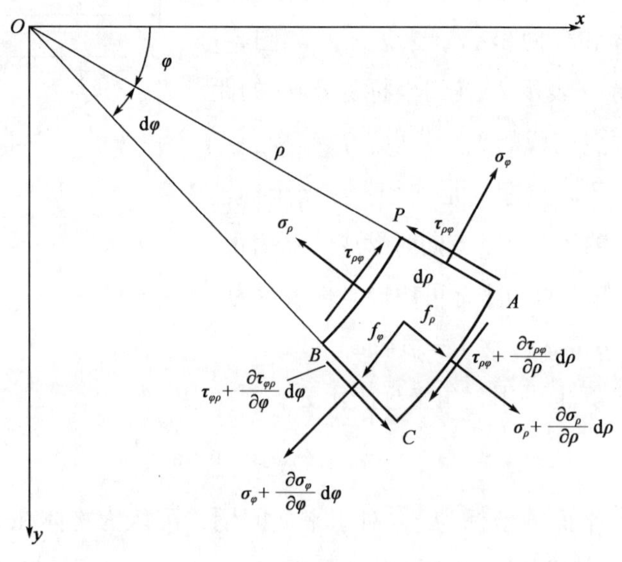

图 5-2

与直角坐标系中相似，由于应力随坐标 ρ 是变化的，设 PB 面上的径向正应力为 σ_ρ，则 AC 面上的径向正应力将为 $\sigma_\rho + \frac{\partial \sigma_\rho}{\partial \rho}\mathrm{d}\rho$；同样，这两个面上的切应力分别为$\tau_{\rho\varphi}$和$\tau_{\rho\varphi} + \frac{\partial \tau_{\rho\varphi}}{\partial \rho}\mathrm{d}\rho$。$PA$ 和 BC 两个面上的环向正应力分别为 σ_φ 和 $\sigma_\varphi + \frac{\partial \sigma_\varphi}{\partial \varphi}\mathrm{d}\varphi$，这两个面上的切应力分别为$\tau_{\varphi\rho}$和$\tau_{\varphi\rho} + \frac{\partial \tau_{\varphi\rho}}{\partial \varphi}\mathrm{d}\varphi$。

对于极坐标系中所取的微分体 $PACB$，它的两个 ρ 面 PB 和 AC 的面积是不同的，分别等于 $\rho\mathrm{d}\varphi$ 和 $(\rho + \mathrm{d}\rho)\mathrm{d}\varphi$；而两个 φ 面 PA 和 BC 的面积都等于 $\mathrm{d}\rho$，但这两个面不平行。微分体的体积等于 $\rho\mathrm{d}\varphi\mathrm{d}\rho$。

(1) 将微分体 $PACB$ 所受各力投影到微分体中心的径向轴上，列出径向的平衡方程，得：

$$\left(\sigma_\rho + \frac{\partial \sigma_\rho}{\partial \rho}\mathrm{d}\rho\right)(\rho + \mathrm{d}\rho)\mathrm{d}\varphi - \sigma_\rho \rho \mathrm{d}\varphi - \left(\sigma_\varphi + \frac{\partial \sigma_\varphi}{\partial \varphi}\mathrm{d}\varphi\right)\mathrm{d}\rho\sin\frac{\mathrm{d}\varphi}{2} - \sigma_\varphi \mathrm{d}\rho\sin\frac{\mathrm{d}\varphi}{2} +$$

$$\left(\tau_{\varphi\rho} + \frac{\partial \tau_{\varphi\rho}}{\partial \varphi}\mathrm{d}\varphi\right)\mathrm{d}\rho\cos\frac{\mathrm{d}\varphi}{2} - \tau_{\varphi\rho}\mathrm{d}\rho\cos\frac{\mathrm{d}\varphi}{2} + f_\rho \rho\mathrm{d}\varphi\mathrm{d}\rho = 0$$

由于 $\mathrm{d}\varphi$ 是微小的，所以，可以认为 $\sin\frac{\mathrm{d}\varphi}{2} \approx \frac{\mathrm{d}\varphi}{2}$，$\cos\frac{\mathrm{d}\varphi}{2} \approx 1$。用$\tau_{\rho\varphi}$代替$\tau_{\varphi\rho}$，并注意上式中存在一、二、三阶微量，其中一阶微量互相抵消，三阶微量与二阶微量相比，可以略去，再除以 $\rho\mathrm{d}\varphi\mathrm{d}\rho$ 得：

$$\frac{\partial \sigma_\rho}{\partial \rho} + \frac{1}{\rho}\frac{\partial \tau_{\rho\varphi}}{\partial \varphi} + \frac{\sigma_\rho - \sigma_\varphi}{\rho} + f_\rho = 0$$

(2) 将微分体 $PACB$ 所受各力投影到微分体中心的切向轴上，列出切向的平衡方程，得：

$$\left(\sigma_\varphi + \frac{\partial \sigma_\varphi}{\partial \varphi}\mathrm{d}\varphi\right)\mathrm{d}\rho\cos\frac{\mathrm{d}\varphi}{2} - \sigma_\varphi \mathrm{d}\rho\cos\frac{\mathrm{d}\varphi}{2} + \left(\tau_{\rho\varphi} + \frac{\partial \tau_{\rho\varphi}}{\partial \rho}\mathrm{d}\rho\right)(\rho + \mathrm{d}\rho)\mathrm{d}\varphi -$$

$$\tau_{\rho\varphi}\rho\mathrm{d}\varphi + \left(\tau_{\varphi\rho} + \frac{\partial \tau_{\varphi\rho}}{\partial \varphi}\mathrm{d}\varphi\right)\mathrm{d}\rho\sin\frac{\mathrm{d}\varphi}{2} + \tau_{\varphi\rho}\mathrm{d}\rho\sin\frac{\mathrm{d}\varphi}{2} + f_\varphi \rho\mathrm{d}\varphi\mathrm{d}\rho = 0$$

用$\tau_{\rho\varphi}$代替$\tau_{\varphi\rho}$，进行同样的简化以后，得：

$$\frac{1}{\rho}\frac{\partial \sigma_\varphi}{\partial \varphi} + \frac{\partial \tau_{\rho\varphi}}{\partial \rho} + \frac{2\tau_{\rho\varphi}}{\rho} + f_\varphi = 0$$

(3) 列出微分体 $PACB$ 的力矩平衡方程，经化简，将得到$\tau_{\rho\varphi} = \tau_{\varphi\rho}$，又一次证明了切应力的互等性。

综上所述，极坐标系中的平衡微分方程为：

$$\left.\begin{aligned}\frac{\partial \sigma_{\rho}}{\partial \rho}+\frac{1}{\rho}\frac{\partial \tau_{\rho\varphi}}{\partial \varphi}+\frac{\sigma_{\rho}-\sigma_{\varphi}}{\rho}+f_{\rho}=0\\ \frac{1}{\rho}\frac{\partial \sigma_{\varphi}}{\partial \varphi}+\frac{\partial \tau_{\rho\varphi}}{\partial \rho}+\frac{2\tau_{\rho\varphi}}{\rho}+f_{\varphi}=0\end{aligned}\right\} \tag{5-1}$$

由上式可知，这两个平衡微分方程中包含着 3 个未知函数，即 σ_{ρ}、σ_{φ} 和 $\tau_{\rho\varphi}=\tau_{\varphi\rho}$，为了求解问题还必须应用几何学和物理学方面的条件。

【例 5-1】 设某曲梁的受力情况如图 5-3a）所示，试分别写出其应力分界条件，固定端不必写出。

【解】 首先，画出各边界面上的应力的正方向，如图 5-3b）所示。然后，利用比较法，写出各边界面上的应力边界条件。

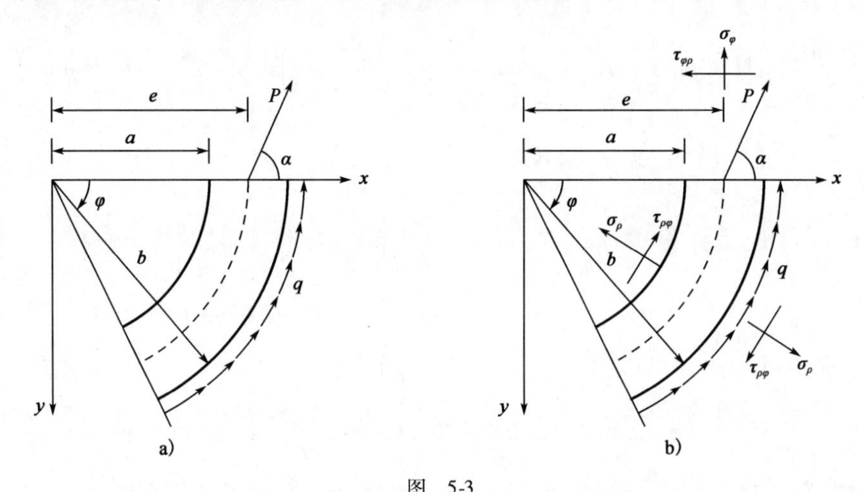

图 5-3

①在左侧圆弧边界面上，有应力边界条件：

$$(\sigma_{\rho})_{\rho=a}=0,\qquad (\tau_{\rho\varphi})_{\rho=a}=0$$

②在右侧圆弧边界面上，有应力边界条件：

$$(\sigma_{\rho})_{\rho=b}=0,\qquad (\tau_{\rho\varphi})_{\rho=a}=-q$$

③在上端次要边界面上，利用圣维南原理，得应力边界条件：

$$\int_{a}^{b}(\sigma_{\varphi})_{\varphi=0}\mathrm{d}\rho=P\sin\alpha$$

$$\int_{a}^{b}(\tau_{\varphi\rho})_{\varphi=0}\mathrm{d}\rho=-P\cos\alpha$$

$$\int_{a}^{b}(\sigma_{\varphi})_{\varphi=0}\mathrm{d}\rho\cdot\rho=P\sin\alpha\cdot e$$

5.3　极坐标中的几何方程和物理方程

在极坐标系中，用 ε_ρ 表示径向线应变（径向线段的线应变），用 ε_φ 表示环向线应变（环向线段的线应变），用 $\gamma_{\rho\varphi}$ 表示切应变（径向与环向两线段之间的直角改变），用 u_ρ 表示径向位移，用 u_φ 表示环向位移。

通过任一点 $P(\rho,\ \varphi)$ 分别沿正方向作径向和环向的微分线段，$PA=\mathrm{d}\rho$，$PB=\rho\mathrm{d}\varphi$，如图5-4所示。以下将分析微分线段上的形变分量和位移分量之间的几何关系。

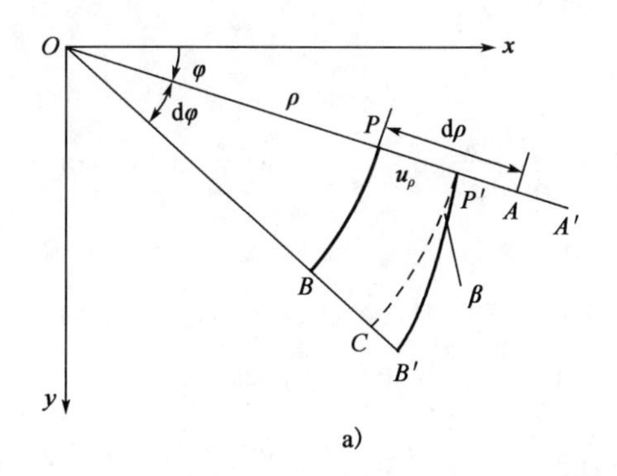

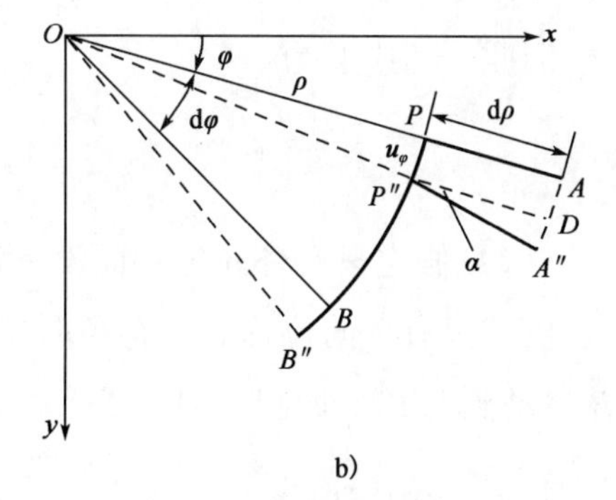

图　5-4

（1）假定只有径向位移而没有环向位移。

由于只有径向位移而没有环向位移，径向线段 PA 移动到 $P'A'$，环向线段 PB 移动到 $P'B'$，如图5-4a）所示，则 P、A、B 三点的位移分别为：

$$PP'=u_\rho,\qquad AA'=u_\rho+\frac{\partial u_\rho}{\partial\rho}\mathrm{d}\rho,\qquad BB'=u_\rho+\frac{\partial u_\rho}{\partial\varphi}\mathrm{d}\varphi$$

可见，径向线段 PA 的线应变为：

$$\varepsilon_\rho=\frac{P'A'-PA}{PA}=\frac{AA'-PP'}{PA}=\frac{\left(u_\rho+\dfrac{\partial u_\rho}{\partial\rho}\mathrm{d}\rho\right)-u_\rho}{\mathrm{d}\rho}=\frac{\partial u_\rho}{\partial\rho}\tag{a}$$

环向线段 PB 移动到 $P'B'$，在图5-4a）中，通过 P' 点作圆弧线 $P'C$，由于 $P'B'$ 与 $P'C$ 的夹角 β 是微小的，因此略去高阶微量后，可得 $P'B'\approx P'C$，因此，环向线段的线应变为：

$$\varepsilon_\varphi=\frac{P'B'-PB}{PB}=\frac{P'C-PB}{PB}=\frac{(\rho+u_\rho)\mathrm{d}\varphi-\rho\mathrm{d}\varphi}{\rho\mathrm{d}\varphi}=\frac{u_\rho}{\rho}\tag{b}$$

式（b）中的环向线应变$\frac{u_\rho}{\rho}$项可以解释为：由于径向位移引起的环向线段的伸长应变。它表示半径为ρ的环向线段$PB=\rho \mathrm{d}\varphi$，由于径向位移$u_\rho$而移动到$P'C$后，它的半径变成为$(\rho+u_\rho)$，长度变成为$P'C=(\rho+u_\rho)\mathrm{d}\varphi$，伸长值$u_\rho \mathrm{d}\varphi$与原长度$\rho \mathrm{d}\varphi$之比。

径向线段PA的转角为：

$$\alpha = 0 \tag{c}$$

环向线段PB的转角为：

$$\beta = \frac{BB' - PP'}{PB} = \frac{\left(u_\rho + \frac{\partial u_\rho}{\partial \varphi}\mathrm{d}\varphi\right) - u_\rho}{\rho \mathrm{d}\varphi} = \frac{1}{\rho}\frac{\partial u_\rho}{\partial \varphi} \tag{d}$$

因此，切应变为：

$$\gamma_{\rho\varphi} = \alpha + \beta = \frac{1}{\rho}\frac{\partial u_\rho}{\partial \varphi} \tag{e}$$

（2）假定只有环向位移而没有径向位移。

由于只有环向位移而没有径向位移，径向线段PA移动到$P''A''$，环向线段PB移动到$P''B''$，如图5-4b）所示，则P、A、B三点的位移分别为：

$$PP'' = u_\varphi, \qquad AA'' = u_\varphi + \frac{\partial u_\varphi}{\partial \rho}\mathrm{d}\rho, \qquad BB'' = u_\varphi + \frac{\partial u_\varphi}{\partial \varphi}\mathrm{d}\varphi$$

在图5-4b）中，作$P''D /\!/ PA$，则PA的转角为α。由于α是微小的，因此，略去高阶微量后得到$P''A'' \approx PA$，由此得出径向线段PA的线应变为：

$$\varepsilon_\rho = 0 \tag{f}$$

环向线段PB的线应变为：

$$\varepsilon_\varphi = \frac{P''B'' - PB}{PB} = \frac{BB'' - PP''}{PB} = \frac{\left(u_\varphi + \frac{\partial u_\varphi}{\partial \varphi}\mathrm{d}\varphi\right) - u_\varphi}{\rho \mathrm{d}\varphi} = \frac{1}{\rho}\frac{\partial u_\varphi}{\partial \varphi} \tag{g}$$

径向线段PA的转角为：

$$\alpha = \frac{AA'' - PP''}{PA} = \frac{\left(u_\varphi + \frac{\partial u_\varphi}{\partial \rho}\mathrm{d}\rho\right) - u_\varphi}{\mathrm{d}\rho} = \frac{\partial u_\varphi}{\partial \rho} \tag{h}$$

由图5-4b）看出，在变形前，PB线上P点的切线与OP垂直，变形后，$P''B''$线上P''点的切线与OP''垂直，这两条切线之间的夹角等于圆心角$\angle POP''$，这就是环向线PB的转角，这个转角使原直角扩大，为负值。因此，由于环向

位移引起的环向线 PB 的转角为：

$$\beta = -\angle POP'' = -\frac{u_\varphi}{\rho} \tag{i}$$

可见切应变为：

$$\gamma_{\rho\varphi} = \alpha + \beta = \frac{\partial u_\varphi}{\partial \rho} - \frac{u_\varphi}{\rho} \tag{j}$$

综上所述，如果既有径向位移又有环向位移，则由式（a）、式（b）、式（e）以及式（f）、式（g）、式（j）分别叠加可得：

$$\left.\begin{aligned} \varepsilon_\rho &= \frac{\partial u_\rho}{\partial \rho} \\ \varepsilon_\varphi &= \frac{u_\rho}{\rho} + \frac{1}{\rho}\frac{\partial u_\varphi}{\partial \varphi} \\ \gamma_{\rho\varphi} &= \frac{1}{\rho}\frac{\partial u_\rho}{\partial \varphi} + \frac{\partial u_\varphi}{\partial \rho} - \frac{u_\varphi}{\rho} \end{aligned}\right\} \tag{5-2}$$

这就是极坐标系中的几何方程。

下面来导出极坐标系中平面问题的物理方程。

在直角坐标系中，物理方程是代数方程，且 x 坐标和 y 坐标的方向是正交的；在极坐标系中，ρ 坐标和 φ 坐标的方向也是正交的。因此，极坐标系中的物理方程与直角坐标系中的物理方程具有同样的形式，只需将角码 x 和 y 分别变换为 ρ 和 φ 即可。据此，可得到极坐标系中平面应力问题的物理方程为：

$$\left.\begin{aligned} \varepsilon_\rho &= \frac{1}{E}(\sigma_\rho - \mu\sigma_\varphi) \\ \varepsilon_\varphi &= \frac{1}{E}(\sigma_\varphi - \mu\sigma_\rho) \\ \gamma_{\rho\varphi} &= \frac{1}{G}\tau_{\rho\varphi} = \frac{2(1+\mu)}{E}\tau_{\rho\varphi} \end{aligned}\right\} \tag{5-3}$$

对于平面应变问题，须将上式中的 E 换为$\frac{E}{1-\mu^2}$，μ 换为$\frac{\mu}{1-\mu}$，则物理方程为：

$$\left.\begin{aligned} \varepsilon_\rho &= \frac{1-\mu^2}{E}\left(\sigma_\rho - \frac{\mu}{1-\mu}\sigma_\varphi\right) \\ \varepsilon_\varphi &= \frac{1-\mu^2}{E}\left(\sigma_\varphi - \frac{\mu}{1-\mu}\sigma_\rho\right) \\ \gamma_{\rho\varphi} &= \frac{1}{G}\tau_{\rho\varphi} = \frac{2(1+\mu)}{E}\tau_{\rho\varphi} \end{aligned}\right\} \tag{5-4}$$

5.4 极坐标中的应力函数和相容方程

为了简化公式的推导，可以将直角坐标系中的公式直接变换到极坐标系中来。下面应用坐标之间的转换关系，把极坐标系中的应力分量用应力函数 Φ 来表示。

首先，由极坐标与直角坐标之间的关系式：

$$\rho^2 = x^2 + y^2, \qquad \varphi = \arctan\frac{y}{x}, \qquad x = \rho\cos\varphi, \qquad y = \rho\sin\varphi$$

得 ρ、φ 对 x、y 的导数：

$$\frac{\partial\rho}{\partial x} = \frac{x}{\rho} = \cos\varphi, \qquad \frac{\partial\rho}{\partial y} = \frac{y}{\rho} = \sin\varphi$$

$$\frac{\partial\varphi}{\partial x} = -\frac{y}{\rho^2} = -\frac{\sin\varphi}{\rho}, \qquad \frac{\partial\varphi}{\partial y} = \frac{x}{\rho^2} = \frac{\cos\varphi}{\rho}$$

将函数 Φ 看成是 ρ、φ 的函数，即 $\Phi(\rho, \varphi)$，而 ρ、φ 又是 x、y 的函数，因此，Φ 可以认为是通过中间变量 ρ、φ 的关于 x、y 的复合函数。按照复合函数的求导公式，可得一阶导数的变换公式为：

$$\frac{\partial\Phi}{\partial x} = \frac{\partial\Phi}{\partial\rho}\frac{\partial\rho}{\partial x} + \frac{\partial\Phi}{\partial\varphi}\frac{\partial\varphi}{\partial x} = \cos\varphi\frac{\partial\Phi}{\partial\rho} - \frac{\sin\varphi}{\rho}\frac{\partial\Phi}{\partial\varphi}$$

$$\frac{\partial\Phi}{\partial y} = \frac{\partial\Phi}{\partial\rho}\frac{\partial\rho}{\partial y} + \frac{\partial\Phi}{\partial\varphi}\frac{\partial\varphi}{\partial y} = \sin\varphi\frac{\partial\Phi}{\partial\rho} + \frac{\cos\varphi}{\rho}\frac{\partial\Phi}{\partial\varphi}$$

重复以上的运算，可得到二阶导数的变换公式为：

$$\begin{aligned}\frac{\partial^2\Phi}{\partial x^2} &= \left(\cos\varphi\frac{\partial}{\partial\rho} - \frac{\sin\varphi}{\rho}\frac{\partial}{\partial\varphi}\right)\left(\cos\varphi\frac{\partial\Phi}{\partial\rho} - \frac{\sin\varphi}{\rho}\frac{\partial\Phi}{\partial\varphi}\right)\\ &= \cos^2\varphi\frac{\partial^2\Phi}{\partial\rho^2} + \sin^2\varphi\left(\frac{1}{\rho}\frac{\partial\Phi}{\partial\rho} + \frac{1}{\rho^2}\frac{\partial^2\Phi}{\partial\varphi^2}\right) - \\ &\quad 2\cos\varphi\sin\varphi\left[\frac{\partial}{\partial\rho}\left(\frac{1}{\rho}\frac{\partial\Phi}{\partial\varphi}\right)\right]\end{aligned} \tag{a}$$

$$\begin{aligned}\frac{\partial^2\Phi}{\partial y^2} &= \left(\sin\varphi\frac{\partial}{\partial\rho} + \frac{\cos\varphi}{\rho}\frac{\partial}{\partial\varphi}\right)\left(\sin\varphi\frac{\partial\Phi}{\partial\rho} + \frac{\cos\varphi}{\rho}\frac{\partial\Phi}{\partial\varphi}\right)\\ &= \sin^2\varphi\frac{\partial^2\Phi}{\partial\rho^2} + \cos^2\varphi\left(\frac{1}{\rho}\frac{\partial\Phi}{\partial\rho} + \frac{1}{\rho^2}\frac{\partial^2\Phi}{\partial\varphi^2}\right) + \\ &\quad 2\cos\varphi\sin\varphi\left[\frac{\partial}{\partial\rho}\left(\frac{1}{\rho}\frac{\partial\Phi}{\partial\varphi}\right)\right]\end{aligned} \tag{b}$$

$$\frac{\partial^2 \Phi}{\partial x \partial y} = \left(\cos\varphi \frac{\partial}{\partial \rho} - \frac{\sin\varphi}{\rho}\frac{\partial}{\partial \varphi}\right)\left(\sin\varphi \frac{\partial \Phi}{\partial \rho} + \frac{\cos\varphi}{\rho}\frac{\partial \Phi}{\partial \varphi}\right)$$

$$= \cos\varphi\sin\varphi\left[\frac{\partial^2 \Phi}{\partial \rho^2} - \left(\frac{1}{\rho}\frac{\partial \Phi}{\partial \rho} + \frac{1}{\rho^2}\frac{\partial^2 \Phi}{\partial \varphi^2}\right)\right] +$$

$$(\cos^2\varphi - \sin^2\varphi)\left[\frac{\partial}{\partial \rho}\left(\frac{1}{\rho}\frac{\partial \Phi}{\partial \varphi}\right)\right] \tag{c}$$

由图 5-2 可见，如果把 x 轴和 y 轴分别转到 ρ 和 φ 的方向，使微分体的 φ 坐标成为零，则 σ_x、σ_y、τ_{xy} 将分别成为 σ_ρ、σ_φ、$\tau_{\rho\varphi}$。于是，当不计体力时，即可由式（a）~式（c）得到应力函数表示应力分量的关系式，即：

$$\left.\begin{aligned}
\sigma_\rho &= (\sigma_x)_{\varphi=0} = \left(\frac{\partial^2 \Phi}{\partial y^2}\right)_{\varphi=0} = \frac{1}{\rho}\frac{\partial \Phi}{\partial \rho} + \frac{1}{\rho^2}\frac{\partial^2 \Phi}{\partial \varphi^2} \\
\sigma_\varphi &= (\sigma_y)_{\varphi=0} = \left(\frac{\partial^2 \Phi}{\partial x^2}\right)_{\varphi=0} = \frac{\partial^2 \Phi}{\partial \rho^2} \\
\tau_{\rho\varphi} &= (\tau_{xy})_{\varphi=0} = \left(-\frac{\partial^2 \Phi}{\partial x \partial y}\right)_{\varphi=0} = -\frac{\partial}{\partial \rho}\left(\frac{1}{\rho}\frac{\partial \Phi}{\partial \varphi}\right)
\end{aligned}\right\} \tag{5-5}$$

极易证明，当体力分量 $f_\rho = f_\varphi = 0$ 时，这些应力分量能满足平衡微分方程（5-1）。

另一方面，将式（a）与式（b）相加，得到：

$$\frac{\partial^2 \Phi}{\partial x^2} + \frac{\partial^2 \Phi}{\partial y^2} = \frac{\partial^2 \Phi}{\partial \rho^2} + \frac{1}{\rho}\frac{\partial \Phi}{\partial \rho} + \frac{1}{\rho^2}\frac{\partial^2 \Phi}{\partial \varphi^2}$$

于是，由直角坐标系中的相容方程：

$$\left(\frac{\partial^2}{\partial x^2} + \frac{\partial^2}{\partial y^2}\right)^2 \Phi = 0$$

得到极坐标系中的相容方程为：

$$\left(\frac{\partial^2}{\partial \rho^2} + \frac{1}{\rho}\frac{\partial}{\partial \rho} + \frac{1}{\rho^2}\frac{\partial^2}{\partial \varphi^2}\right)^2 \Phi = 0 \tag{5-6}$$

综上所述，当体力不计时，在极坐标系中按应力求解平面问题，归结为求解一个应力函数 $\Phi(\rho, \varphi)$，这个应力函数必须满足：

（1）在区域内的相容方程（5-6）；

（2）在边界上的应力边界条件（假设全部为应力边界条件）；

（3）如为多连体，还须满足多连体中的位移单值条件。

从上述条件求出应力函数 Φ 后，就可由式（5-5）求得应力分量。

5.5　极坐标中的逆解法

在极坐标系中，按应力求解平面问题也分为逆解法和半逆解法两种，本节介绍逆解法。

设半平面体表面上受有均布水平力 q，如图 5-5 所示，试用应力函数 $\Phi=\rho^2(B\sin2\varphi+C\varphi)$ 求解应力分量。

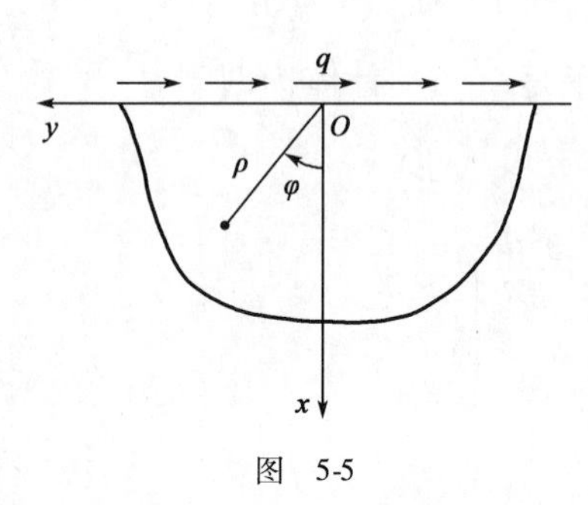

图　5-5

（1）将应力函数 Φ 代入相容方程，验证是否满足相容方程。

将应力函数 $\Phi=\rho^2(B\sin2\varphi+C\varphi)$ 代入相容方程式(5-6)，经验证，满足。

（2）求解应力分量。

将应力函数 $\Phi=\rho^2(B\sin2\varphi+C\varphi)$ 代入式（5-5），求得应力分量为：

$$\begin{cases}\sigma_\rho=-2B\sin2\varphi+2C\varphi\\ \sigma_\varphi=2B\sin2\varphi+2C\varphi\\ \tau_{\rho\varphi}=-2B\cos2\varphi-C\end{cases}\tag{a}$$

（3）利用边界条件，确定应力分量中的待定系数。

在坐标圆点 O 的左侧边界面（$\varphi=\pi/2$）上，有应力边界条件：

$$(\sigma_\varphi)_{\varphi=\pi/2}=0,\qquad(\tau_{\varphi\rho})_{\varphi=\pi/2}=-q\tag{b}$$

将式（a）代入式（b），得：

$$2B\sin\pi+C\pi=0,\qquad-2B\cos\pi-C=-q\tag{c}$$

在坐标圆点 O 的右侧边界面（$\varphi=-\pi/2$）上，有应力边界条件：

$$(\sigma_\varphi)_{\varphi=-\pi/2}=0,\qquad(\tau_{\varphi\rho})_{\varphi=-\pi/2}=-q\tag{d}$$

将式（a）代入式（d），得：

$$2B\sin(-\pi)-C\pi=0,\qquad-2B\cos(-\pi)-C=-q\tag{e}$$

联立求解式（c）和式（e），可得：

$$B=-\frac{q}{2},\qquad C=0\tag{f}$$

将式（f）代入式（a），则可得应力分量的表达式为：

$$\sigma_\rho = q\sin 2\varphi, \qquad \sigma_\varphi = -q\sin 2\varphi, \qquad \tau_{\rho\varphi} = q\cos 2\varphi$$

【例 5-2】　试分析应力函数 $\Phi = \frac{q}{6a}\rho^3\cos 3\varphi$ 能解决图 5-6a）所示弹性体的何种受力问题？

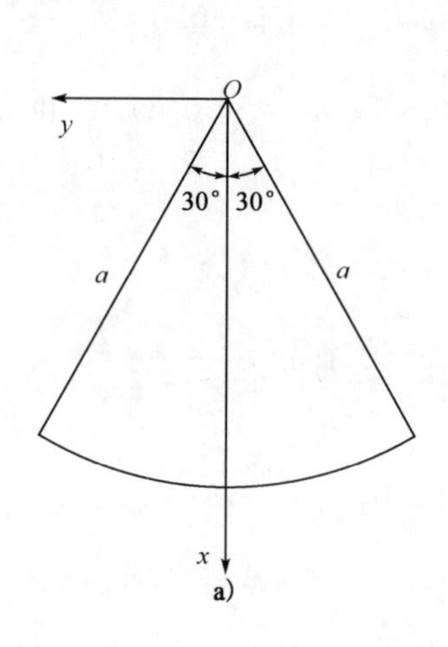

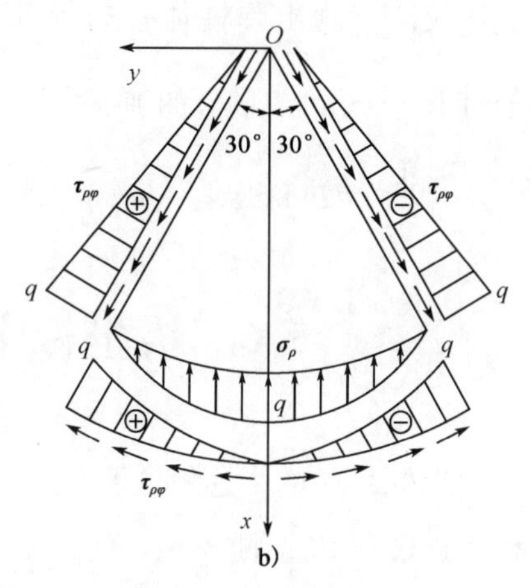

图　5-6

【解】　（1）验证相容方程。

将应力函数 $\Phi = \frac{q}{6a}\rho^3\cos 3\varphi$ 代入相容方程式（5-6），得：

$$\frac{\partial \Phi}{\partial \rho} = \frac{q\rho^2}{2a}\cos 3\varphi, \qquad \frac{\partial^2 \Phi}{\partial \rho^2} = \frac{q\rho}{a}\cos 3\varphi, \qquad \frac{\partial^2 \Phi}{\partial \varphi^2} = -\frac{3q\rho^2}{2a}\cos 3\varphi$$

则有：

$$\frac{\partial^2 \Phi}{\partial \rho^2} + \frac{1}{\rho}\frac{\partial \Phi}{\partial \rho} + \frac{1}{\rho^2}\frac{\partial^2 \Phi}{\partial \varphi^2} = \frac{q\rho}{a}\cos 3\varphi - \frac{3q\rho}{2a}\cos 3\varphi + \frac{q\rho}{2a}\cos 3\varphi = 0$$

即 $\nabla^2\Phi = 0$，所以，$\nabla^4\Phi = 0$，满足相容方程。

（2）求应力分量。

将应力函数 $\Phi = \frac{q}{6a}\rho^3\cos 3\varphi$ 代入式（5-5），求得应力分量为：

$$\sigma_\rho = -\frac{q\rho}{a}\cos 3\varphi, \qquad \sigma_\varphi = \frac{q\rho}{a}\cos 3\varphi, \qquad \tau_{\rho\varphi} = \frac{q\rho}{a}\sin 3\varphi$$

（3）求边界上的面力。

在左侧边界面（$\varphi = 30°$）上，有：

$$(\sigma_\varphi)_{\varphi=30°} = 0, \qquad (\tau_{\varphi\rho})_{\varphi=30°} = \frac{\rho}{a}q$$

在右侧边界面（$\varphi = -30°$）上，有：

$$(\sigma_{\varphi})_{\varphi=-30^{\circ}}=0,\qquad(\tau_{\varphi\rho})_{\varphi=-30^{\circ}}=-\frac{\rho}{a}q$$

在下部边界面（$\rho=a$）上，有：

$$(\sigma_{\rho})_{\rho=a}=-q\cos3\varphi,\qquad(\tau_{\rho\varphi})_{\rho=a}=q\sin3\varphi$$

通过比较法，画出弹性体各边界面上的面力，如图5-6b）所示，从而可知，对于如图5-6a）所示的弹性体，应力函数 $\Phi=\frac{q}{6a}\rho^{3}\cos3\varphi$ 能解决如图5-6b)所示的受力问题。

5.6 极坐标中的半逆解法

与直角坐标系中的半逆解法类似，极坐标系中的半逆解法也分为两种，即应力分析半逆解法和量纲分析半逆解法。当弹性体的边界与坐标轴平行或垂直时，大多采用应力分析半逆解法；当弹性体的部分或全部边界与坐标轴斜交时，宜采用量纲分析半逆解法。

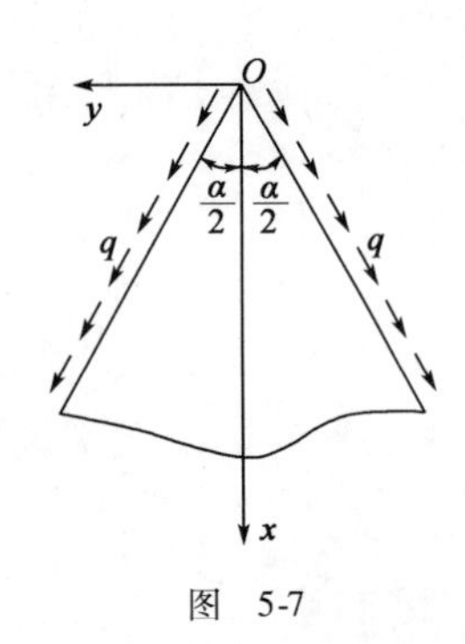

图 5-7

设某楔形体在两侧面上受均布剪力 q，如图5-7所示，试求其应力分量。

（1）通过量纲分析，确定应力函数。

待求的应力分量取决于 ρ、φ、α 和 q，其中，应力的量纲是 $L^{-1}MT^{-2}$，ρ 的量纲是 L，φ 和 α 是量纲一的量，q 的量纲是 $L^{-1}MT^{-2}$。因此，应力分量的函数表达式只能是 Nq 的形式，其中，N 是用 φ 和 α 表示的量纲一的量，即应力表达式中只能有 ρ 的零次幂，而应力函数中 ρ 的幂次比应力分量高二次，故设应力函数为：

$$\Phi=\rho^{2}f(\varphi)\tag{a}$$

（2）验证相容方程。

将应力函数（a）代入相容方程（5-6），得：

$$\frac{1}{\rho^{2}}\left[\frac{\mathrm{d}^{4}f(\varphi)}{\mathrm{d}\varphi^{4}}+4\frac{\mathrm{d}^{2}f(\varphi)}{\mathrm{d}\varphi^{2}}\right]=0$$

解得：

$$f(\varphi)=A\cos2\varphi+B\sin2\varphi+C\varphi+D$$

所以，应力函数为：

$$\Phi=\rho^{2}(A\cos2\varphi+B\sin2\varphi+C\varphi+D)\tag{b}$$

该应力函数显然满足相容方程。

(3) 求解应力分量。

将应力函数式（b）代入式（5-5），解得应力分量为：

$$\begin{cases}\sigma_\rho = -2(A\cos2\varphi + B\sin2\varphi - C\varphi - D)\\ \sigma_\varphi = 2(A\cos2\varphi + B\sin2\varphi + C\varphi + D)\\ \tau_{\rho\varphi} = 2A\sin2\varphi - 2B\cos2\varphi - C\end{cases} \tag{c}$$

（4）分析边界条件，确定待定系数。

在楔形体的左侧边界面（$\alpha = \alpha/2$）上，有应力边界条件：

$$(\sigma_\varphi)_{\varphi=\alpha/2} = 0,\qquad (\tau_{\varphi\rho})_{\varphi=\alpha/2} = q \tag{d}$$

在楔形体的右侧边界面（$\alpha = -\alpha/2$）上，有应力边界条件：

$$(\sigma_\varphi)_{\varphi=-\alpha/2} = 0,\qquad (\tau_{\varphi\rho})_{\varphi=-\alpha/2} = -q \tag{e}$$

将应力分量式（c）代入式（d）和式（e），得：

$$A\cos\alpha + B\sin\alpha + C\frac{\alpha}{2} + D = 0 \tag{f}$$

$$A\cos(-\alpha) + B\sin(-\alpha) - C\frac{\alpha}{2} + D = 0 \tag{g}$$

$$2A\sin\alpha - 2B\cos\alpha - C = q \tag{h}$$

$$2A\sin(-\alpha) - 2B\cos(-\alpha) - C = -q \tag{i}$$

联立式（f）~式（i）求解，可得：

$$A = \frac{q}{2\sin\alpha},\qquad B = 0,\qquad C = 0,\qquad D = -\frac{q}{2}\cot\alpha \tag{j}$$

将式（j）代入式（c）则得应力分量为：

$$\begin{cases}\sigma_\rho = -q\left(\dfrac{\cos2\varphi}{\sin\alpha} + \cot\alpha\right)\\ \sigma_\varphi = q\left(\dfrac{\cos2\varphi}{\sin\alpha} - \cot\alpha\right)\\ \tau_{\rho\varphi} = q\dfrac{\sin2\varphi}{\sin\alpha}\end{cases}$$

5.7　轴对称应力问题的求解

所谓轴对称，是指物体的形状或某物理量是绕一轴对称的，凡通过对称轴的任何面都是对称面。若应力是绕 z 轴对称的，则在任一环向线上的各点，应力分量的数值相同，方向对称于 z 轴。由此可见，绕 z 轴对称的应力，在极坐标平面内应力分量仅为 ρ 的函数，不随 φ 而变，切应力 $\tau_{\rho\varphi}$ 为零，即：

$$\sigma_\rho = \frac{1}{\rho}\frac{\mathrm{d}\Phi}{\mathrm{d}\rho}, \quad \sigma_\varphi = \frac{\mathrm{d}^2\Phi}{\mathrm{d}\rho^2}, \quad \tau_{\rho\varphi} = \tau_{\varphi\rho} = 0 \tag{5-7}$$

应力函数是标量函数，在轴对称应力状态下，它只是 ρ 的函数，即：

$$\Phi = \Phi(\rho)$$

从而相容方程（5-6）简化为：

$$\left(\frac{\mathrm{d}^2}{\mathrm{d}\rho^2} + \frac{1}{\rho}\frac{\mathrm{d}}{\mathrm{d}\rho}\right)\left(\frac{\mathrm{d}^2\Phi}{\mathrm{d}\rho^2} + \frac{1}{\rho}\frac{\mathrm{d}\Phi}{\mathrm{d}\rho}\right) = 0$$

轴对称问题的拉普拉斯算子可以写为：

$$\nabla^2 = \left(\frac{\mathrm{d}^2}{\mathrm{d}\rho^2} + \frac{1}{\rho}\frac{\mathrm{d}}{\mathrm{d}\rho}\right) = \frac{1}{\rho}\frac{\mathrm{d}}{\mathrm{d}\rho}\left(\rho\frac{\mathrm{d}}{\mathrm{d}\rho}\right)$$

代入相容方程成为：

$$\frac{1}{\rho}\frac{\mathrm{d}}{\mathrm{d}\rho}\left\{\rho\frac{\mathrm{d}}{\mathrm{d}\rho}\left[\frac{1}{\rho}\frac{\mathrm{d}}{\mathrm{d}\rho}\left(\rho\frac{\mathrm{d}\Phi}{\mathrm{d}\rho}\right)\right]\right\} = 0$$

这是一个四阶常微分方程，它的全部通解只有 4 项，对上式积分 4 次，就得到轴对称应力状态下应力函数的通解为：

$$\Phi = A\ln\rho + B\rho^2\ln\rho + C\rho^2 + D \tag{5-8}$$

式中，A、B、C、D 是待定的常数。

将式（5-8）代入式（5-7），即得轴对称应力的一般性解答：

$$\left.\begin{aligned}\sigma_\rho &= \frac{A}{\rho^2} + B(1 + 2\ln\rho) + 2C\\ \sigma_\varphi &= -\frac{A}{\rho^2} + B(3 + 2\ln\rho) + 2C\\ \tau_{\rho\varphi} &= \tau_{\varphi\rho} = 0\end{aligned}\right\} \tag{5-9}$$

下面以平面应力问题为例，来求出与轴对称应力相对应的应变和位移。

对于平面应力问题，将应力分量（5-9）代入物理方程（5-3），即得对应的应变分量为：

$$\varepsilon_\rho = \frac{1}{E}\left[(1+\mu)\frac{A}{\rho^2} + (1-3\mu)B + 2(1-\mu)B\ln\rho + 2(1-\mu)C\right]$$

$$\varepsilon_\varphi = \frac{1}{E}\left[-(1+\mu)\frac{A}{\rho^2} + (3-\mu)B + 2(1-\mu)B\ln\rho + 2(1-\mu)C\right]$$

$$\gamma_{\rho\varphi} = 0$$

可见，应变也是轴对称的。

将上式应变分量的表达式代入几何方程（5-2），得：

$$\left.\begin{aligned}&\frac{\partial u_\rho}{\partial \rho}=\frac{1}{E}\left[(1+\mu)\frac{A}{\rho^2}+(1-3\mu)B+2(1-\mu)B\ln\rho+2(1-\mu)C\right]\\&\frac{u_\rho}{\rho}+\frac{1}{\rho}\frac{\partial u_\varphi}{\partial \varphi}=\frac{1}{E}\left[-(1+\mu)\frac{A}{\rho^2}+(3-\mu)B+2(1-\mu)B\ln\rho+\right.\\&\qquad\left.2(1-\mu)C\right]\frac{1}{\rho}\frac{\partial u_\rho}{\partial \varphi}+\frac{\partial u_\varphi}{\partial \rho}-\frac{u_\varphi}{\rho}=0\end{aligned}\right\}\tag{a}$$

首先，由式（a）中的第一式积分可得：

$$u_\rho=\frac{1}{E}\left[-(1+\mu)\frac{A}{\rho}+(1-3\mu)B\rho+2(1-\mu)B\rho(\ln\rho-1)+\right.$$
$$\left.2(1-\mu)C\rho\right]+f(\varphi)\tag{b}$$

式中，$f(\varphi)$ 是 φ 的任意函数。

其次，式（a）中的第二式移项、化简得：

$$\frac{\partial u_\varphi}{\partial \varphi}=\frac{\rho}{E}\left[-(1+\mu)\frac{A}{\rho^2}+(3-\mu)B+2(1-\mu)B\ln\rho+2(1-\mu)C\right]-u_\rho$$

将式（b）代入上式，得：

$$\frac{\partial u_\varphi}{\partial \varphi}=\frac{4B\rho}{E}-f(\varphi)$$

积分以后得：

$$u_\varphi=\frac{4B\rho\varphi}{E}-\int f(\varphi)\mathrm{d}\varphi+f_1(\rho)\tag{c}$$

式中，$f_1(\rho)$ 是 ρ 的任意函数。

再将式（b）和式（c）代入式（a）中的第三式，得：

$$\frac{1}{\rho}\frac{\mathrm{d}f(\varphi)}{\mathrm{d}\varphi}+\frac{\mathrm{d}f_1(\rho)}{\mathrm{d}\rho}+\frac{1}{\rho}\int f(\varphi)\mathrm{d}\varphi-\frac{f_1(\rho)}{\rho}=0$$

把上式分开变数而写成为：

$$f_1(\rho)-\rho\frac{\mathrm{d}f_1(\rho)}{\mathrm{d}\rho}=\frac{\mathrm{d}f(\varphi)}{\mathrm{d}\varphi}+\int f(\varphi)\mathrm{d}\varphi$$

上式的左边只是 ρ 的函数，只随 ρ 而变，而右边只是 φ 的函数，只随 φ 而变，因此，只可能两边都等于同一常数 F。于是有：

$$f_1(\rho) - \rho \frac{\mathrm{d}f_1(\rho)}{\mathrm{d}\rho} = F \tag{d}$$

$$\frac{\mathrm{d}f(\varphi)}{\mathrm{d}\varphi} + \int f(\varphi)\mathrm{d}\varphi = F \tag{e}$$

式（d）的解答是：

$$f_1(\rho) = H\rho + F \tag{f}$$

式中，H 是任意常数。

通过求导，将式（e）变换为微分方程，即：

$$\frac{\mathrm{d}^2 f(\varphi)}{\mathrm{d}\varphi^2} + f(\varphi) = 0$$

而它的解答是：

$$f(\varphi) = I\cos\varphi + K\sin\varphi \tag{g}$$

此外，由式（e）可得：

$$\int f(\varphi)\mathrm{d}\varphi = F - \frac{\mathrm{d}f(\varphi)}{\mathrm{d}\varphi} = F + I\sin\varphi - K\cos\varphi \tag{h}$$

将式（g）代入式（b），并将式（f）和式（h）代入式（c），则得轴对称应力状态下对应的位移分量：

$$\left.\begin{aligned} u_\rho &= \frac{1}{E}\Big[-(1+\mu)\frac{A}{\rho} + 2(1-\mu)B\rho(\ln\rho - 1) + (1-3\mu)B\rho + \\ &\qquad 2(1-\mu)C\rho\Big] + I\cos\varphi + K\sin\varphi \\ u_\varphi &= \frac{4B\rho\varphi}{E} + H\rho - I\sin\varphi + K\cos\varphi \end{aligned}\right\} \tag{5-10}$$

式中，A、B、C、H、I、K 都是待定的常数，且 H、I、K 表示刚体位移。

以上是轴对称应力状态下，应力分量和位移分量的一般性解答，适用于任何轴对称应力问题。应力分量（5-9）和位移分量（5-10）中的待定常数，可以通过应力边界条件和位移边界条件（在多连体中，还须考虑位移单值条件）来确定。

对于平面应变问题，只需将上述应变分量和位移分量中的 E 换为$\dfrac{E}{1-\mu^2}$，μ 换为$\dfrac{\mu}{1-\mu}$。

一般而言，产生轴对称应力状态的条件是：弹性体的形状和应力边界条件必须是轴对称的；如果位移边界条件也是轴对称的，则位移也是轴对称的。

【例 5-3】　设有一圆环，内半径为 r，外半径为 R，受内压力 q_1 和外压力 q_2 的作用，如图 5-8 所示，试求应力分量。

【解】　由于弹性体的形状和应力边界条件都是轴对称的，因此，这是一个轴对称应力问题，应力分量的表达式为式（5-9），即：

$$\left.\begin{aligned}\sigma_\rho &= \frac{A}{\rho^2} + B(1+2\ln\rho) + 2C \\ \sigma_\varphi &= -\frac{A}{\rho^2} + B(3+2\ln\rho) + 2C \\ \tau_{\rho\varphi} &= \tau_{\varphi\rho} = 0\end{aligned}\right\}$$

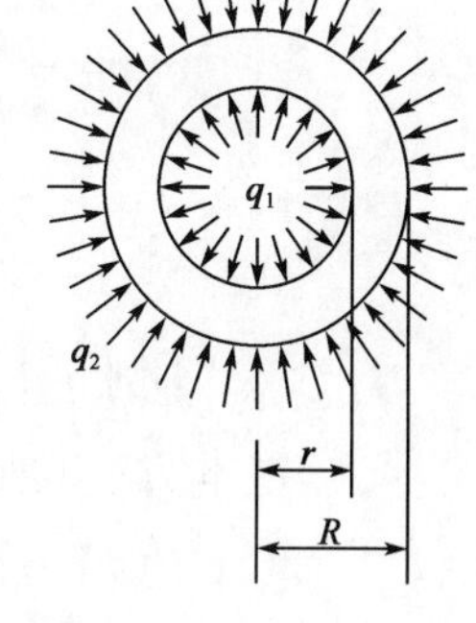

图 5-8

式中，A、B、C 为待定系数，由圆环内外边界上的应力边界条件确定。

圆环内外边界上的应力边界条件为：

$$\left.\begin{aligned}(\tau_{\rho\varphi})_{\rho=r} = 0, \qquad (\tau_{\rho\varphi})_{\rho=R} = 0 \\ (\sigma_\rho)_{\rho=r} = -q_1, \qquad (\sigma_\rho)_{\rho=R} = -q_2\end{aligned}\right\} \tag{a}$$

将应力分量的表达式代入式（a）可知，前两个关于$\tau_{\rho\varphi}$的应力边界条件是自然满足的，而后两个应力边界条件要求为：

$$\left.\begin{aligned}\frac{A}{r^2} + B(1+2\ln r) + 2C = -q_1 \\ \frac{A}{R^2} + B(1+2\ln R) + 2C = -q_2\end{aligned}\right\} \tag{b}$$

现在，边界条件都已满足，但式（b）中有两个方程，不能确定三个常数 A、B、C。因为圆环是多连体，所以需要分析位移单值条件。

由式（5-10）可知，在环向位移 u_φ 的表达式中，$\frac{4B\rho\varphi}{E}$这一项是多值的。将同一点的坐标（ρ_1，φ_1）与（ρ_1，$\varphi_1+2\pi$）分别代入式（5-10）中 u_φ 的表达式可知，环向位移 u_φ 相差了$\frac{8\pi B\rho_1}{E}$，实际上，这是不可能的，因为（ρ_1，φ_1）与（ρ_1，$\varphi_1+2\pi$）是同一点，不可能有不同的位移。所以，由位移单值条件可确定 $B=0$。

将 $B=0$ 代入式（b），即可求得 A 和 $2C$，即：

$$A = \frac{r^2R^2(q_2-q_1)}{R^2-r^2}, \qquad 2C = \frac{q_1r^2 - q_2R^2}{R^2-r^2} \tag{c}$$

将式（c）代入式（5-9），稍加整理，即得圆环受均布压力时的应力分量为：

$$\sigma_{\rho}=-\frac{\frac{R^{2}}{\rho^{2}}-1}{\frac{R^{2}}{r^{2}}-1}q_{1}-\frac{1-\frac{r^{2}}{\rho^{2}}}{1-\frac{r^{2}}{R^{2}}}q_{2},\qquad \sigma_{\varphi}=-\frac{\frac{R^{2}}{\rho^{2}}+1}{\frac{R^{2}}{r^{2}}-1}q_{1}-\frac{1+\frac{r^{2}}{\rho^{2}}}{1-\frac{r^{2}}{R^{2}}}q_{2}\tag{5-11}$$

式（5-11）就是圆环受均布压力时的拉梅解答。

【例 5-4】 设轴对称问题的约束条件对称于 z 轴，试导出按位移求解时的基本方程和形变协调方程。

【解】 由于该轴对称问题的约束条件对称于 z 轴，因此，位移分量也对称于 z 轴，即这个问题是轴对称位移问题，且 $u_{\rho}=u_{\rho}(\rho)$，$u_{\varphi}=0$。当位移轴对称时必有轴对称应力分布，即 $\sigma_{\rho}=\sigma_{\rho}(\rho)$，$\sigma_{\varphi}=\sigma_{\varphi}(\rho)$，$\tau_{\rho\varphi}=0$。

（1）求轴对称位移问题按位移求解时的基本方程。

将 $\sigma_{\rho}=\sigma_{\rho}(\rho)$、$\sigma_{\varphi}=\sigma_{\varphi}(\rho)$、$\tau_{\rho\varphi}=0$、$u_{\rho}=u_{\rho}(\rho)$、$u_{\varphi}=0$ 代入，即得轴对称位移问题的平衡微分方程、几何方程和物理方程。

平衡微分方程（不计体力）为：

$$\frac{\mathrm{d}\sigma_{\rho}}{\mathrm{d}\rho}+\frac{\sigma_{\rho}-\sigma_{\varphi}}{\rho}=0\tag{a}$$

几何方程为：

$$\varepsilon_{\rho}=\frac{\partial u_{\rho}}{\partial\rho}=\frac{\mathrm{d}u_{\rho}}{\mathrm{d}\rho},\qquad \varepsilon_{\varphi}=\frac{u_{\rho}}{\rho},\qquad \gamma_{\rho\varphi}=0\tag{b}$$

物理方程（以平面应力问题为例）为：

$$\begin{cases}\sigma_{\rho}=\dfrac{E}{1-\mu^{2}}(\varepsilon_{\rho}+\mu\varepsilon_{\varphi})\\[2ex]\sigma_{\varphi}=\dfrac{E}{1-\mu^{2}}(\varepsilon_{\varphi}+\mu\varepsilon_{\rho})\\[2ex]\tau_{\rho\varphi}=0\end{cases}\tag{c}$$

将式（c）代入式（a）得：

$$\frac{\mathrm{d}\varepsilon_{\rho}}{\mathrm{d}\rho}+\mu\frac{\mathrm{d}\varepsilon_{\varphi}}{\mathrm{d}\rho}+\frac{1}{\rho}(1-\mu)(\varepsilon_{\rho}-\varepsilon_{\varphi})=0\tag{d}$$

再将式（b）代入式（d），即可得到轴对称位移问题按位移求解时的基本方程为：

$$\frac{d^2 u_\rho}{d\rho^2} + \frac{1}{\rho}\frac{du_\rho}{d\rho} - \frac{u_\rho}{\rho^2} = 0 \tag{e}$$

（2）求轴对称位移问题的形变协调方程。

将轴对称位移问题几何方程中的第二式微分得到：

$$\frac{d\varepsilon_\varphi}{d\rho} = \frac{1}{\rho}\frac{du_\rho}{d\rho} - \frac{1}{\rho^2}u_\rho$$

将上式移项，并参考几何方程式（b），可得轴对称位移问题的形变协调条件为：

$$\rho\frac{d\varepsilon_\varphi}{d\rho} + \varepsilon_\varphi - \varepsilon_\rho = 0$$

5.8　接触问题的求解

所谓接触问题，就是材料性质不同的弹性体在边界上互相接触的问题，此时，必须考虑接触面上的接触条件。

设有圆筒，埋在无限大弹性体中，受均布压力 q 作用，例如压力隧洞，如图 5-9 所示。设圆筒和无限大弹性体的弹性常数分别为 E、μ 和 E'、μ'，由于两者的材料性质不同，不符合均匀性的假定，因此，不能用同一个函数表示其解答。这是一个接触问题，即两个弹性体在边界上互相接触的问题，必须考虑接触面上的接触条件。

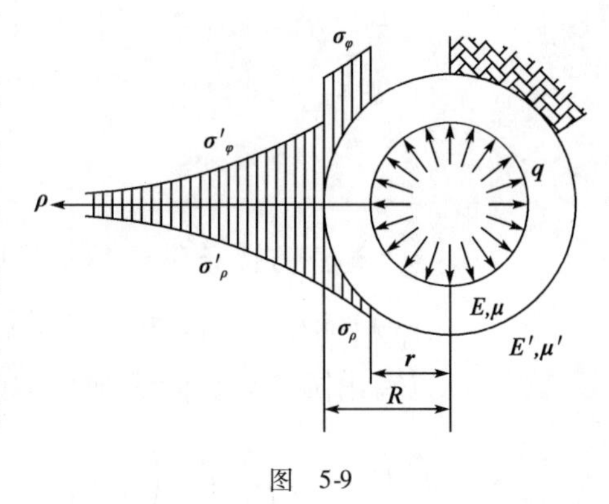

图　5-9

此处，可以把无限大弹性体看成是内半径为 R 而外半径为无限大的圆筒，这样，无限大弹性体和圆筒的应力分布都是轴对称的，可以分别引用轴对称应力的一般性解答（5-9）和相应的位移解答（5-10），并注意这里是平面应变的情况。

如果取圆筒解答中的系数为 A、B、C，则无限大弹性体解答中的系数可取为 A'、B'、C'。由多连体中的位移单值条件可知：

$$B = 0 \tag{a}$$

$$B' = 0 \tag{b}$$

现在，取圆筒的应力分量表达式为：

$$\sigma_\rho = \frac{A}{\rho^2} + 2C, \qquad \sigma_\varphi = -\frac{A}{\rho^2} + 2C \tag{c}$$

取无限大弹性体的应力分量表达式为：

$$\sigma'_\rho = \frac{A'}{\rho^2} + 2C', \qquad \sigma'_\varphi = -\frac{A'}{\rho^2} + 2C' \tag{d}$$

式（c）和式（d）中的系数 A、C、A'、C'可由两个弹性体的边界条件和接触条件来确定。

（1）在圆筒的内边界面上，有应力边界条件 $(\sigma_\rho)_{\rho=r} = -q$，由此得：

$$\frac{A}{r^2} + 2C = -q \tag{e}$$

（2）在距离圆筒很远处，根据圣维南原理，应力几乎为零，于是有：

$$(\sigma'_\rho)_{\rho\to\infty} = 0, \qquad (\sigma'_\varphi)_{\rho\to\infty} = 0$$

将式（d）代入上式，可得：

$$C' = 0 \tag{f}$$

（3）假定圆筒和无限大弹性体是完全接触的，则在接触面上，应当有：

$$(\sigma_\rho)_{\rho=R} = (\sigma'_\rho)_{\rho=R}$$

将式（c）和式（d）代入上式，得：

$$\frac{A}{R^2} + 2C = \frac{A'}{R^2} + 2C' \tag{g}$$

上述三方面条件仍然不足以确定4个常数，因此，需要分析位移。

（4）应用式（5-10）中的第一式，并注意这里是平面应变问题，而且 $B=0$，可以写出圆筒和无限大弹性体的径向位移的表达式为：

$$u_\rho = \frac{1-\mu^2}{E}\left[-\left(1+\frac{\mu}{1-\mu}\right)\frac{A}{\rho} + 2\left(1-\frac{\mu}{1-\mu}\right)C\rho\right] + I\cos\varphi + K\sin\varphi$$

$$u'_\rho = \frac{1-\mu'^2}{E'}\left[-\left(1+\frac{\mu'}{1-\mu'}\right)\frac{A'}{\rho} + 2\left(1-\frac{\mu'}{1-\mu'}\right)C'\rho\right] + I'\cos\varphi + K'\sin\varphi$$

将上列二式稍加化简，得：

$$\left.\begin{aligned} u_\rho &= \frac{1+\mu}{E}\left[2(1-2\mu)C\rho - \frac{A}{\rho}\right] + I\cos\varphi + K\sin\varphi \\ u'_\rho &= \frac{1+\mu'}{E'}\left[2(1-2\mu')C'\rho - \frac{A'}{\rho}\right] + I'\cos\varphi + K'\sin\varphi \end{aligned}\right\} \tag{h}$$

在接触面上，圆筒和无限大弹性体应当具有相同的位移，即：

$$(u_\rho)_{\rho=R} = (u'_\rho)_{\rho=R}$$

将式（h）代入上式，得：

$$\frac{1+\mu}{E}\left[2(1-2\mu)CR-\frac{A}{R}\right]+I\cos\varphi+K\sin\varphi$$

$$=\frac{1+\mu'}{E'}\left[2(1-2\mu')C'R-\frac{A'}{R}\right]+I'\cos\varphi+K'\sin\varphi$$

因为这一方程对于接触面上的任意一点都应当成立，也就是说，在 φ 取任何数值时都应当成立，所以方程两边的自由项必须相等（当然，等号两边 $\cos\varphi$ 的系数和 $\sin\varphi$ 的系数也必须对应相等），于是得：

$$\frac{1+\mu}{E}\left[2(1-2\mu)CR-\frac{A}{R}\right]=\frac{1+\mu'}{E'}\left[2(1-2\mu')C'R-\frac{A'}{R}\right]$$

考虑式（f），并对上式进行化简，可得：

$$n\left[2C(1-2\mu)-\frac{A}{R^2}\right]+\frac{A'}{R^2}=0 \tag{i}$$

其中：

$$n=\frac{E'(1+\mu)}{E(1+\mu')}$$

联立式（e）、式（f）、式（g）和式（i），并进行求解，可求出系数 A、C、A'、C'，然后代入式（c）和式（d），即得到圆筒和无限大弹性体的应力分量表达式为：

$$\sigma_\rho=-q\frac{[1+(1-2\mu)n]\dfrac{R^2}{\rho^2}-(1-n)}{[1+(1-2\mu)n]\dfrac{R^2}{r^2}-(1-n)}$$

$$\sigma_\varphi=q\frac{[1+(1-2\mu)n]\dfrac{R^2}{\rho^2}+(1-n)}{[1+(1-2\mu)n]\dfrac{R^2}{r^2}-(1-n)}$$

$$\sigma'_\rho=-\sigma'_\varphi=-q\frac{2(1-\mu)n\dfrac{R^2}{\rho^2}}{[1+(1-2\mu)n]\dfrac{R^2}{r^2}-(1-n)}$$

当 $n<1$ 时，圆筒和无限大弹性体的应力分布大致如图5-9所示。

这个问题是一个“完全接触”问题，即假定各弹性体在接触面上保持“完全接触”，既不互相脱离也不互相滑动。此时，在接触面上，应力方面的接触条件是：两个弹性体在接触面上的正应力相等，切应力也相等。位移方面的接触条件是：弹性体在接触面上的法向位移相等，切向位移也相等。

除了“完全接触”问题外，还有“光滑接触”问题、“摩擦滑移接触”问题和“局部脱离接触”问题等。

“光滑接触”是“非完全接触”，在光滑接触面上，也有四个接触条件，即两个弹性体的切应力都等于零，两个弹性体的正应力相等，法向位移也相等(由于有滑动，切向位移并不相等)。

所谓“摩擦滑移接触”，就是在接触面上，法向仍保持接触，两个弹性体的正应力相等，法向位移也相等；而在环向，当达到极限滑移状态时就会产生移动，此时，两个弹性体的切应力都等于极限摩擦力。

所谓“局部脱离接触”，就是在此局部接触面上，由于两个弹性体互相脱离，各自的两个正应力和两个切应力都等于零。

5.9 应力分量的坐标变换式

在一定的应力状态下，由已知直角坐标系中的应力分量求极坐标系中的应力分量，或者由已知极坐标系中的应力分量求直角坐标系中的应力分量，往往需要建立两个坐标系中应力分量的关系式，即应力分量的坐标变换式。由于应力不仅具有方向性，而且与所在的作用面有关，因此，为了建立应力分量的坐标变换式，应取出包含两种坐标面的微分体，然后考虑其平衡条件，才能得到这种变换式。

首先，设已知直角坐标系中的应力分量 σ_x、σ_y、τ_{xy}，试求极坐标系中的应力分量σ_ρ、σ_φ、$\tau_{\rho\varphi}$。为此，在弹性体中取出一个包含 x 面、y 面和ρ 面且厚度为1 的微小三角板A，如图5-10 所示，它的ab 为x 面，ac 为y 面，而bc 为ρ 面。各面上的应力如图5-10 所示。命bc 边的长度为$\mathrm{d}s$，则ab 边和ac 边的长度分别为 $\mathrm{d}s\cos\varphi$ 及 $\mathrm{d}s\sin\varphi$。

根据三角板A 的平衡条件$\sum F_\rho=0$，可以写出平衡方程：

$$\sigma_\rho \mathrm{d}s - \sigma_x \mathrm{d}s\cos\varphi \times \cos\varphi - \sigma_y \mathrm{d}s\sin\varphi \times \sin\varphi -$$
$$\tau_{xy}\mathrm{d}s\cos\varphi \times \sin\varphi - \tau_{yx}\mathrm{d}s\sin\varphi \times \cos\varphi = 0$$

用τ_{xy}代替τ_{yx}，并化简，就得到：

$$\sigma_\rho = \sigma_x\cos^2\varphi + \sigma_y\sin^2\varphi + 2\tau_{xy}\sin\varphi\cos\varphi \tag{a}$$

同理，可由三角板A 的平衡条件$\sum F_\varphi=0$，得到：

$$\tau_{\rho\varphi} = (\sigma_y - \sigma_x)\sin\varphi\cos\varphi + \tau_{xy}(\cos^2\varphi - \sin^2\varphi) \tag{b}$$

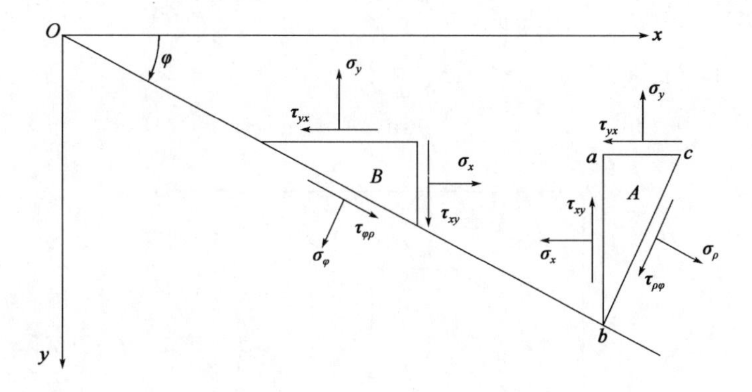

图 5-10

类似地取出一个包含 x 面、y 面和 ρ 面且厚度为 1 的微小三角板 B，如图 5-10 所示，根据它的平衡条件 $\sum F_\varphi=0$，可以得到：

$$\sigma_\varphi = \sigma_x \sin^2\varphi + \sigma_y \cos^2\varphi - 2\tau_{xy}\sin\varphi\cos\varphi \tag{c}$$

同样，由平衡条件 $\sum F_\rho=0$，可以得到 $\tau_{\varphi\rho}$，且 $\tau_{\varphi\rho}=\tau_{\rho\varphi}$。

综合以上结果，可得到应力分量由直角坐标向极坐标的变换式为：

$$\left.\begin{aligned}\sigma_\rho &= \sigma_x\cos^2\varphi + \sigma_y\sin^2\varphi + 2\tau_{xy}\sin\varphi\cos\varphi\\ \sigma_\varphi &= \sigma_x\sin^2\varphi + \sigma_y\cos^2\varphi - 2\tau_{xy}\sin\varphi\cos\varphi\\ \tau_{\rho\varphi} &= (\sigma_y-\sigma_x)\sin\varphi\cos\varphi + \tau_{xy}(\cos^2\varphi-\sin^2\varphi)\end{aligned}\right\} \tag{5-12}$$

经过类似的推导，还可以推导出应力分量由极坐标向直角坐标的变换式为：

$$\left.\begin{aligned}\sigma_x &= \sigma_\rho\cos^2\varphi + \sigma_\varphi\sin^2\varphi - 2\tau_{\rho\varphi}\sin\varphi\cos\varphi\\ \sigma_y &= \sigma_\rho\sin^2\varphi + \sigma_\varphi\cos^2\varphi + 2\tau_{\rho\varphi}\sin\varphi\cos\varphi\\ \tau_{xy} &= (\sigma_\rho-\sigma_\varphi)\sin\varphi\cos\varphi + \tau_{\rho\varphi}(\cos^2\varphi-\sin^2\varphi)\end{aligned}\right\} \tag{5-13}$$

【例 5-5】　试导出极坐标系和直角坐标系中位移分量的坐标变换式。

【解】　为了推导出极坐标系中的位移分量 u_ρ、u_φ 和直角坐标系中的位移分量 u、v 之间的坐标变换式，将这些位移分量一并表示在图 5-11 中。

由图 5-11 中的几何关系，可得：

$$u_\rho = u\cos\varphi + v\sin\varphi \tag{a}$$

$$u_\varphi = -u\sin\varphi + v\cos\varphi \tag{b}$$

式（a）$\times\cos\varphi-$式（b）$\times\sin\varphi$，可得：

$$u = u_\rho \cos\varphi - u_\varphi \sin\varphi$$

式（a）×sinφ+式（b）×cosφ，可得：

$$v = u_\rho \sin\varphi + u_\varphi \cos\varphi$$

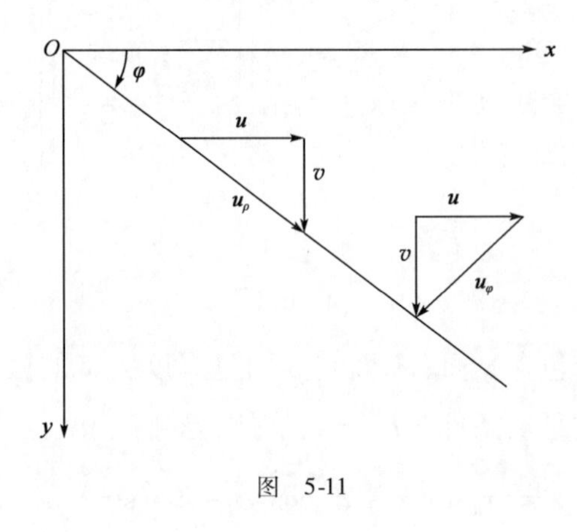

图　5-11

5.10　带小圆孔的平板拉伸问题的求解

带小圆孔的平板拉伸问题，实际上就是“小孔口问题”，即孔口的尺寸远小于弹性体的尺寸，并且孔边距弹性体的边界较远（约大于1.5倍孔口尺寸）。

在许多工程结构中，常常根据需要设置一些孔口。由于开孔，孔口附近的应力将远大于无孔时的应力，也远大于距孔口较远处的应力，这种现象称为“孔口应力集中”。“孔口应力集中”不是简单的由于减少了截面尺寸（由于开孔而减少的截面尺寸一般是很小的）而使孔口附近的应力增大，而是由于开孔后发生的应力扰动所引起的孔口附近的应力增大。因为孔口应力集中的程度比较高，所以在结构设计时应充分注意。孔口应力集中还具有局部性，一般孔口的应力集中区域约在距孔边1.5倍孔口尺寸（例如圆孔的直径）范围内。

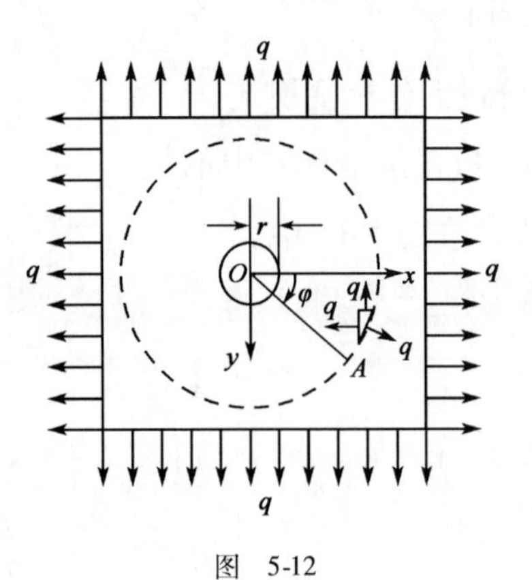

图　5-12

下面分三种情况介绍带小圆孔的平板拉伸问题的求解。

（1）设有矩形薄板（或长柱），在离开边界较远处有半径为 r 的小圆孔，且在薄板的四边受均布拉力，集度为 q，如图5-12所示。坐标原点取在圆孔的中心，坐标轴平行于边界。

对于直边的边界条件而言，宜用直角坐标求解，但对于圆孔的边界条件而言，宜采用极坐标求解。因为此处主要是分析圆孔附近的应力，所以采用极坐标进行求解，并将直边变换为圆边。为此，以远大于 r 的某一长度 R 为半径，以坐标原点为圆心，作一个大圆，如图5-12中的虚线所示。由于孔口的应力集中具有局部性，所以，在大圆周处（例如在 A 点）的应力情况与无孔时相同，即 $\sigma_x = q$，$\sigma_y = q$，$\tau_{xy} = 0$。代入坐标变换式（5-12），可得到该处的极坐标应力分量为 $\sigma_\rho = q$，$\tau_{\rho\varphi} = 0$。于是，原来的问题变换为这样一个新问题：内半径为 r、外半径为 R 的圆环，在外边界上受均布拉力 q。

为了得到这个新问题的解答，只需在例5-3的求解结果基础上继续求解即可。图5-8所示的圆环如果只受外压力 q_2 作用，$q_1 = 0$，则式（5-11）将简化为：

$$\sigma_\rho = -\frac{1 - \dfrac{r^2}{\rho^2}}{1 - \dfrac{r^2}{R^2}} q_2, \qquad \sigma_\varphi = -\frac{1 + \dfrac{r^2}{\rho^2}}{1 - \dfrac{r^2}{R^2}} q_2$$

此处，圆环在外边界上受均布拉力 q，因此，将上式中的 q_2 换成 $-q$ 即得此问题的解答，即：

$$\sigma_\rho = q\frac{1 - \dfrac{r^2}{\rho^2}}{1 - \dfrac{r^2}{R^2}}, \qquad \sigma_\varphi = q\frac{1 + \dfrac{r^2}{\rho^2}}{1 - \dfrac{r^2}{R^2}}, \qquad \tau_{\rho\varphi} = \tau_{\varphi\rho} = 0$$

由于 R 远大于 r，所以可以取 $\dfrac{r}{R} = 0$，从而得到解答：

$$\sigma_\rho = q\left(1 - \frac{r^2}{\rho^2}\right), \qquad \sigma_\varphi = q\left(1 + \frac{r^2}{\rho^2}\right), \qquad \tau_{\rho\varphi} = \tau_{\varphi\rho} = 0 \tag{5-14}$$

（2）设该矩形薄板（或长柱）在左右两边受有均布拉力 q 而在上下两边受有均布压力 q，如图5-13所示。

进行与上相同的处理和分析，可知在大圆周处（例如在 A 点），应力情况与无孔时相同，也就是 $\sigma_x = q$，$\sigma_y = -q$，$\tau_{xy} = 0$。利用坐标变换式（5-12），可得：

$$\left.\begin{aligned} (\sigma_\rho)_{\rho=R} &= q\cos^2\varphi - q\sin^2\varphi = q\cos 2\varphi \\ (\tau_{\rho\varphi})_{\rho=R} &= -2q\sin\varphi\cos\varphi = -q\sin 2\varphi \end{aligned}\right\} \tag{a}$$

式（a）也是外边界上的应力边界条件。

在孔边，应力边界条件为：

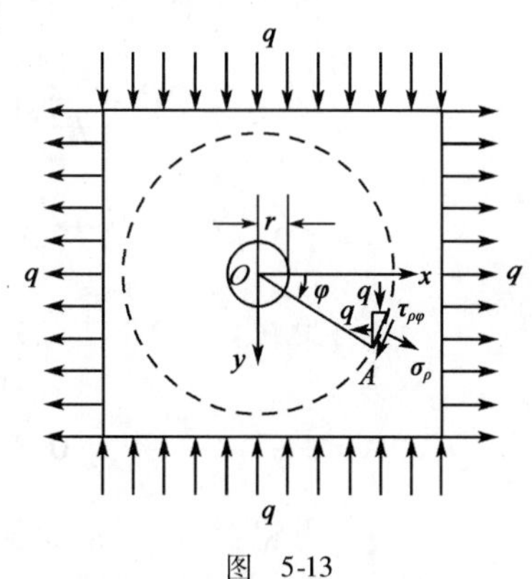

图　5-13

$$(\sigma_\rho)_{\rho=r}=0,\qquad(\tau_{\rho\varphi})_{\rho=r}=0 \tag{b}$$

分析应力边界条件（a）和（b），利用应力分析半逆解法，假设σ_ρ为ρ的某一函数乘以$\cos 2\varphi$，而$\tau_{\rho\varphi}$为ρ的另一函数乘以$\sin 2\varphi$，则根据：

$$\sigma_\rho=\frac{1}{\rho}\frac{\partial\Phi}{\partial\rho}+\frac{1}{\rho^2}\frac{\partial^2\Phi}{\partial\varphi^2},\qquad\tau_{\rho\varphi}=-\frac{\partial}{\partial\rho}\left(\frac{1}{\rho}\frac{\partial\Phi}{\partial\varphi}\right)$$

可以假设应力函数为：

$$\Phi=f(\rho)\cos 2\varphi \tag{c}$$

将式（c）代入相容方程（5-6），得：

$$\cos 2\varphi\left[\frac{\mathrm{d}f^4(\rho)}{\mathrm{d}\rho^4}+\frac{2}{\rho}\frac{\mathrm{d}f^3(\rho)}{\mathrm{d}\rho^3}-\frac{9}{\rho^2}\frac{\mathrm{d}f^2(\rho)}{\mathrm{d}\rho^2}+\frac{9}{\rho^3}\frac{\mathrm{d}f(\rho)}{\mathrm{d}\rho}\right]=0$$

删去因子$\cos 2\varphi$后，求解这个常微分方程，可得：

$$f(\rho)=A\rho^4+B\rho^2+C+\frac{D}{\rho^2}$$

式中，A、B、C、D为待定常数。

将上式代入式（c），得应力函数：

$$\Phi=\cos 2\varphi\left(A\rho^4+B\rho^2+C+\frac{D}{\rho^2}\right)$$

从而由式（5-5）求得应力分量为：

$$\left.\begin{aligned}\sigma_\rho&=-\cos 2\varphi\left(2B+\frac{4C}{\rho^2}+\frac{6D}{\rho^4}\right)\\\sigma_\varphi&=\cos 2\varphi\left(12A\rho^2+2B+\frac{6D}{\rho^4}\right)\\\tau_{\rho\varphi}&=\sin 2\varphi\left(6A\rho^2+2B-\frac{2C}{\rho^2}-\frac{6D}{\rho^4}\right)\end{aligned}\right\} \tag{d}$$

将式（d）代入应力边界条件式（a）和式（b），得：

$$2B+\frac{4C}{R^2}+\frac{6D}{R^4}=-q,\qquad 6AR^2+2B-\frac{2C}{R^2}-\frac{6D}{R^4}=-q$$

$$2B+\frac{4C}{r^2}+\frac{6D}{r^4}=0,\qquad 6Ar^2+2B-\frac{2C}{r^2}-\frac{6D}{r^4}=0$$

求解A、B、C、D，然后命$\frac{r}{R}\to 0$，得：

$$A=0,\qquad B=-\frac{q}{2},\qquad C=qr^2,\qquad D=-\frac{qr^4}{4} \tag{e}$$

再将式（e）代入式（d），得应力分量的最后表达式为：

$$
\left.
\begin{aligned}
\sigma_\rho &= q\cos 2\varphi\left(1-\frac{r^2}{\rho^2}\right)\left(1-3\frac{r^2}{\rho^2}\right)\\
\sigma_\varphi &= -q\cos 2\varphi\left(1+3\frac{r^4}{\rho^4}\right)\\
\tau_{\rho\varphi} &= \tau_{\varphi\rho} = -q\sin 2\varphi\left(1-\frac{r^2}{\rho^2}\right)\left(1+3\frac{r^2}{\rho^2}\right)
\end{aligned}
\right\}\tag{5-15}
$$

（3）如果该矩形薄板（或长柱）在左右两边受有均布拉力 q_1，在上下两边受有均布拉力 q_2，如图 5-14a）所示。此时，可以将荷载分解为两部分：第一部分是四边的均布拉力$\frac{q_1+q_2}{2}$，如图 5-14b）所示；第二部分是左右两边的均布拉力$\frac{q_1-q_2}{2}$和上下两边的均布压力$\frac{q_1-q_2}{2}$，如图 5-14c）所示。对于第一部分荷载，可应用解答（5-14）且令 $q=\frac{q_1+q_2}{2}$；对于第二部分荷载，可应用解答（5-15）并命 $q=\frac{q_1-q_2}{2}$。将这两部分解答叠加，即可得到原荷载作用下的应力分量。

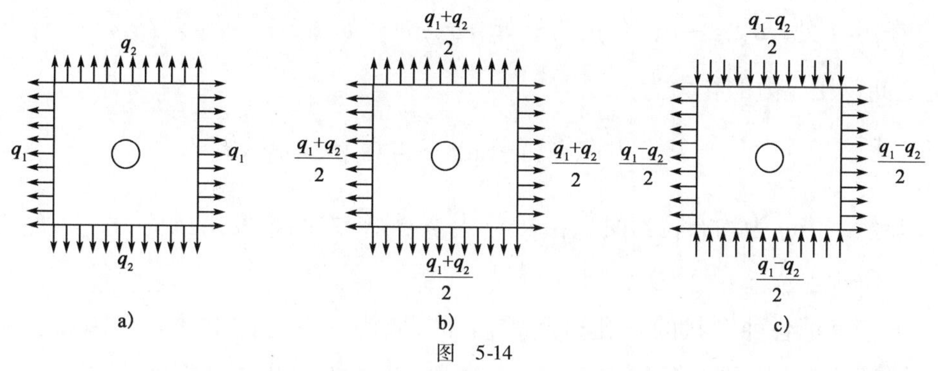

图　5-14

例如，设该矩形薄板（或长柱）只在左右两边受有均布拉力 q，如图 5-15 所示，则由上述叠加法可得出基尔斯的解答，即：

$$
\left.
\begin{aligned}
\sigma_\rho &= \frac{q}{2}\left(1-\frac{r^2}{\rho^2}\right)+\frac{q}{2}\cos 2\varphi\left(1-\frac{r^2}{\rho^2}\right)\left(1-3\frac{r^2}{\rho^2}\right)\\
\sigma_\varphi &= \frac{q}{2}\left(1+\frac{r^2}{\rho^2}\right)-\frac{q}{2}\cos 2\varphi\left(1+3\frac{r^4}{\rho^4}\right)\\
\tau_{\rho\varphi} &= \tau_{\varphi\rho} = -\frac{q}{2}\sin 2\varphi\left(1-\frac{r^2}{\rho^2}\right)\left(1+3\frac{r^2}{\rho^2}\right)
\end{aligned}
\right\}\tag{5-16}
$$

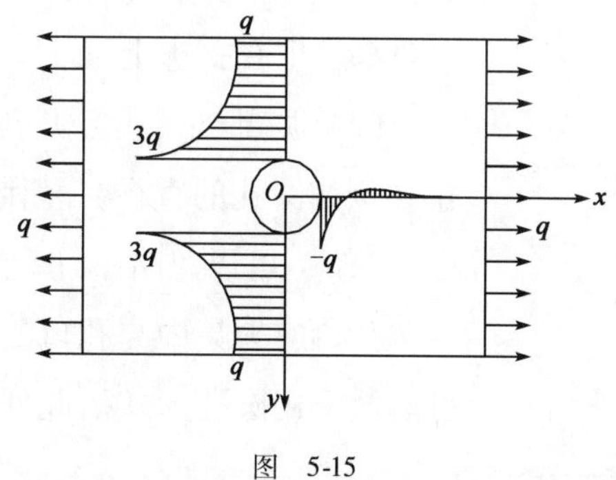

图　5-15

沿着孔边，$\rho = r$，环向正应力为：

$$\sigma_{\varphi} = q(1 - 2\cos 2\varphi)$$

它的几个重要的数值如下表所示。

φ	0°	30°	45°	60°	90°
σ_{φ}	$-q$	0	q	$2q$	$3q$

沿着 y 轴，$\varphi = 90°$，环向正应力为：

$$\sigma_{\varphi} = q\left(1 + \frac{1}{2}\frac{r^2}{\rho^2} + \frac{3}{2}\frac{r^4}{\rho^4}\right)$$

它的几个重要数值如下表所示。

ρ	r	$2r$	$3r$	$4r$
σ_{φ}	$3q$	$1.22q$	$1.07q$	$1.04q$

可见应力在孔边达到均匀拉力的 3 倍，但随着远离孔边而急剧趋近于 q，如图 5-15 所示。

沿着 x 轴，$\varphi = 0°$，环向正应力为：

$$\sigma_{\varphi} = -\frac{q}{2}\frac{r^2}{\rho^2}\left(3\frac{r^2}{\rho^2} - 1\right)$$

在 $\rho = r$ 处，$\sigma_{\varphi} = -q$；在 $\rho = \sqrt{3}r$ 处，$\sigma_{\varphi} = 0$，如图 5-15 所示。在 $\rho = r$ 与 $\rho = \sqrt{3}r$ 之间，压应力的合力为：

$$P = \int_{r}^{\sqrt{3}r} (\sigma_{\varphi})_{\varphi=0} \mathrm{d}\rho = -0.1924qr$$

显然，当 q 为均布拉力时，在 $\rho = r$ 与 $\rho = \sqrt{3}r$ 之间将发生压应力，其合力为 $0.1924qr$。

对于其他各种形状的小孔口问题，可以应用弹性理论中的复变函数法求解。由圆孔和其他孔口的解答可知，孔口应力集中具有以下两个特点：

（1）集中性。孔口附近的应力远大于较远处的应力，且最大和最小的应力一般都发生在孔边上。

（2）局部性。由于开孔引起的应力扰动，主要发生在距孔边 1.5 倍孔口尺寸（例如圆孔的直径）范围内，在此区域外，由于开孔引起的应力扰动值一般小于 5%，可以忽略不计。

孔口应力集中与孔口的形状有关，圆孔的应力集中程度较低，因此，应尽可能地采用圆孔形式。此外，对于具有凹尖角的孔口，在尖角处会发生高度的应力集中，因此，在开孔时应尽量避免出现凹尖角。

根据以上所述，如果有任意形状的薄板（或长柱），受有任意面力，且在距边界较远处有一个小圆孔，那么，只要有了无孔时的应力解答，就可以计算出孔边的应力。为此，只需先求出无孔时相应于圆孔中心处的应力分量，然后求出相应的两个应力主向以及主应力 σ_1 和 σ_2。如果圆孔确实很小，圆孔的附近部分就可以当作是沿两个应力主向分别受均布拉力 $q_1=\sigma_1$ 和 $q_2=\sigma_2$ 作用，也就可以应用前面所述的叠加法进行求解。这样求得的孔边压力，肯定会有一定的误差，但在工程实际中却很有参考价值。

【例5-6】　在薄板内距边界较远的某一点处，应力分量为 $\sigma_x=\sigma_y=0$，$\tau_{xy}=q$，如该处有一小圆孔，试求孔边的最大正应力。

【解】　(1) 先求出主应力。

$$\left.\begin{matrix}\sigma_1\\ \sigma_2\end{matrix}\right\}=\frac{\sigma_x+\sigma_y}{2}\pm\sqrt{\left(\frac{\sigma_x-\sigma_y}{2}\right)^2+\tau_{xy}^2}=\begin{cases}q\\ -q\end{cases}$$

(2) 该问题转换为矩形薄板在左右两侧受均布拉力 q 而在上下两侧受均布压力 q 的问题，如图5-16所示。

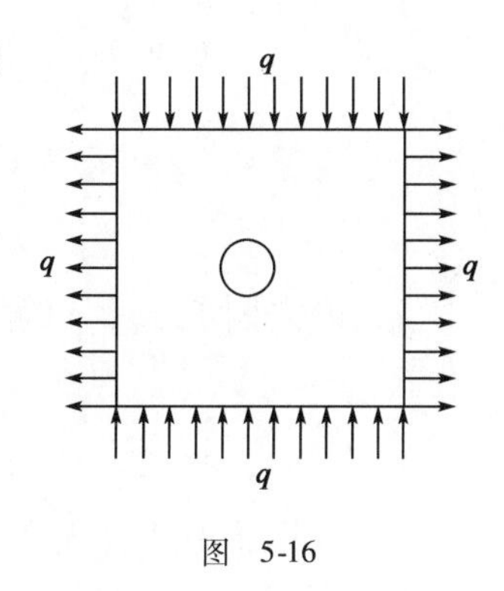

图 5-16

引用式(5-15)，关于该问题的应力分量解答为：

$$\begin{cases}\sigma_\rho=q\cos2\varphi\left(1-\dfrac{r^2}{\rho^2}\right)\left(1-3\dfrac{r^2}{\rho^2}\right)\\ \sigma_\varphi=-q\cos2\varphi\left(1+3\dfrac{r^4}{\rho^4}\right)\\ \tau_{\rho\varphi}=\tau_{\varphi\rho}=-q\sin2\varphi\left(1-\dfrac{r^2}{\rho^2}\right)\left(1+3\dfrac{r^2}{\rho^2}\right)\end{cases}$$

由上式可得，在孔边（$\rho=r$），环向正应力为：

$$\sigma_\varphi=-4q\cos2\varphi$$

从而可得孔边的最大环向正应力为$(\sigma_\varphi)_{\max}=4q$。

5.11　半平面体在边界上受集中力的解答

设有半平面体，在其直边界上受集中力，集中力与直边界的法线成 β 角，坐标轴如图5-17所示。取单位厚度的部分来考虑，并命单位厚度上所受的力为 F，它的量纲是 MT^{-2}。

用量纲分析半逆解法进行求解。

(1) 分析量纲，假设应力函数的形式。

半平面体内任意一点的应力分量取决于β、F、ρ、φ，因此，各应力分量的表达式中只能包含这几个量。应力分量的量纲是$\mathrm{L}^{-1}\mathrm{MT}^{-2}$，$F$的量纲是$\mathrm{MT}^{-2}$，而$\beta$和$\varphi$是量纲一的量，因此，各应力分量的表达式只可能是$N\dfrac{F}{\rho}$的形式，其中$N$是由量纲一的量$\beta$和$\varphi$组成的量纲一的量。也就是说，在各应力分量的表达式中，ρ只可能以负一次幂出现。由式（5-5）可知，应力函数中ρ的幂次应当比各应力分量中ρ的幂次高两次，即为ρ的一次幂。因此，可以假设应力函数是φ的某一函数乘以ρ的一次幂，即：

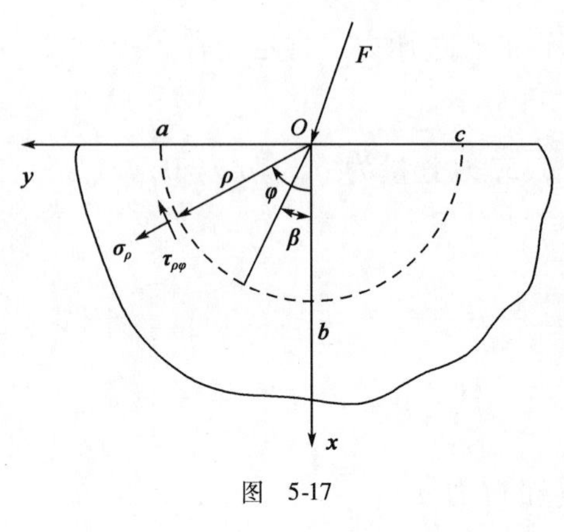

图 5-17

$$\Phi = \rho f(\varphi) \tag{a}$$

(2) 验证相容方程，确定应力函数的表达式。

将式（a）代入相容方程（5-6），得：

$$\frac{1}{\rho^3}\left[\frac{\mathrm{d}^4 f(\varphi)}{\mathrm{d}\varphi^4} + 2\frac{\mathrm{d}^2 f(\varphi)}{\mathrm{d}\varphi^2} + f(\varphi)\right] = 0$$

删去因子$\dfrac{1}{\rho^3}$，求解这一常微分方程，得：

$$f(\varphi) = A\cos\varphi + B\sin\varphi + \varphi(C\cos\varphi + D\sin\varphi)$$

式中，A、B、C、D为待定常数。

将上式代入式（a），得应力函数为：

$$\Phi = A\rho\cos\varphi + B\rho\sin\varphi + \rho\varphi(C\cos\varphi + D\sin\varphi)$$

由于上式中的前两项$A\rho\cos\varphi + B\rho\sin\varphi = Ax + By$为一次式，不影响应力，可以删去，因此，只需取应力函数为：

$$\Phi = \rho\varphi(C\cos\varphi + D\sin\varphi) \tag{5-17}$$

(3) 求解应力分量。

将应力函数式（5-17）代入式（5-5），得：

$$\left.\begin{aligned}
\sigma_\rho &= \frac{1}{\rho}\frac{\partial\Phi}{\partial\rho} + \frac{1}{\rho^2}\frac{\partial^2\Phi}{\partial\varphi^2} = \frac{2}{\rho}(D\cos\varphi - C\sin\varphi)\\
\sigma_\varphi &= \frac{\partial^2\Phi}{\partial\rho^2} = 0\\
\tau_{\rho\varphi} &= \tau_{\varphi\rho} = -\frac{\partial}{\partial\rho}\left(\frac{1}{\rho}\frac{\partial\Phi}{\partial\varphi}\right) = 0
\end{aligned}\right\} \tag{b}$$

（4）分析应力边界条件，求解应力分量中的待定系数。

①除了原点之外，在$\varphi=\pm\frac{\pi}{2}$的边界面上，没有任何法向和切向面力，因此，应力边界条件为：

$$(\sigma_\varphi)_{\varphi=\pm\frac{\pi}{2},\rho\neq 0}=0,\qquad(\tau_{\rho\varphi})_{\varphi=\pm\frac{\pi}{2},\rho\neq 0}=0$$

由式（b）可见，这两个边界条件是满足的。

②考虑在点O有集中力F的作用。

可以把集中力F看成是下列荷载的抽象化：在点O附近的一小部分边界面上，受有一组面力，这组面力向点O简化后，成为主矢量F，而主矩为零。为了考虑点O附近小边界上的应力边界条件，按照圣维南原理，以点O为中心，以ρ为半径作圆弧线abc，如图5-17所示。然后考虑此脱离体的平衡条件，列出三个平衡方程，即：

$$\left.\begin{aligned}&\sum F_x=0,\quad\int_{-\pi/2}^{\pi/2}[(\sigma_\rho)_{\rho=\rho}\cos\varphi\rho d\varphi-(\tau_{\rho\varphi})_{\rho=\rho}\sin\varphi\rho d\varphi]+F\cos\beta=0\\&\sum F_y=0,\quad\int_{-\pi/2}^{\pi/2}[(\sigma_\rho)_{\rho=\rho}\sin\varphi\rho d\varphi+(\tau_{\rho\varphi})_{\rho=\rho}\cos\varphi\rho d\varphi]+F\sin\beta=0\\&\sum M_O=0,\quad\int_{-\pi/2}^{\pi/2}(\tau_{\rho\varphi})_{\rho=\rho}\rho d\varphi\cdot\rho=0\end{aligned}\right\}\quad\text{(c)}$$

将应力分量式（b）代入式（c），由于$\tau_{\rho\varphi}=0$，式（c）中的第三式自然满足，而由第一、二式得到：

$$\pi D+F\cos\beta=0,\qquad-\pi C+F\sin\beta=0$$

由此可得：

$$D=-\frac{F}{\pi}\cos\beta,\qquad C=\frac{F}{\pi}\sin\beta\qquad\text{(d)}$$

（5）确定应力分量的最终解答。

将式（d）代入式（b），即得应力分量的最终解答为：

$$\sigma_\rho=-\frac{2F}{\pi\rho}(\cos\beta\cos\varphi+\sin\beta\sin\varphi),\quad\sigma_\varphi=0,\quad\tau_{\rho\varphi}=\tau_{\varphi\rho}=0\qquad\text{(5-18)}$$

当力F垂直于直线边界时，如图5-18所示，此时的解答最为有用。

为了求得这一情况下的应力分量，只需在式（5-18）中取$\beta=0$，于是得：

$$\sigma_\rho=-\frac{2F}{\pi}\frac{\cos\varphi}{\rho},\qquad\sigma_\varphi=0,\qquad\tau_{\rho\varphi}=\tau_{\varphi\rho}=0\qquad\text{(5-19)}$$

应用坐标变换式（5-13），可由式（5-19）求得直角坐标系中的应力分量为：

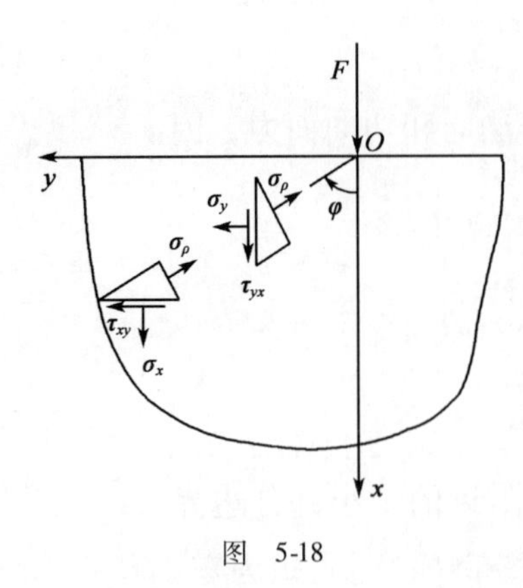

图 5-18

$$\left.\begin{aligned}
\sigma_x &= \sigma_\rho\cos^2\varphi = -\frac{2F}{\pi}\frac{\cos^3\varphi}{\rho}\\
\sigma_y &= \sigma_\rho\sin^2\varphi = -\frac{2F}{\pi}\frac{\sin^2\varphi\cos\varphi}{\rho}\\
\tau_{xy} &= \sigma_\rho\sin\varphi\cos\varphi = -\frac{2F}{\pi}\frac{\sin\varphi\cos^2\varphi}{\rho}
\end{aligned}\right\}\tag{5-20}$$

这是把直角坐标系中的应力分量用极坐标来表示，也可以把式（5-20）中的极坐标变换为直角坐标而得到：

$$\left.\begin{aligned}
\sigma_x &= -\frac{2F}{\pi}\frac{x^3}{(x^2+y^2)^2}\\
\sigma_y &= -\frac{2F}{\pi}\frac{xy^2}{(x^2+y^2)^2}\\
\tau_{xy} &= \tau_{yx} = -\frac{2F}{\pi}\frac{x^2y}{(x^2+y^2)^2}
\end{aligned}\right\}\tag{5-21}$$

下面来求出应变和位移。

假定此处是平面应力问题，将应力分量（5-19）代入物理方程（5-3），得应变分量为：

$$\varepsilon_\rho = -\frac{2F}{\pi E}\frac{\cos\varphi}{\rho},\qquad \varepsilon_\varphi = \frac{2\mu F}{\pi E}\frac{\cos\varphi}{\rho},\qquad \gamma_{\rho\varphi} = 0$$

再将上式中的应变分量代入几何方程（5-2），得：

$$\frac{\partial u_\rho}{\partial\rho} = -\frac{2F}{\pi E}\frac{\cos\varphi}{\rho},\qquad \frac{u_\rho}{\rho}+\frac{1}{\rho}\frac{\partial u_\varphi}{\partial\varphi} = \frac{2\mu F}{\pi E}\frac{\cos\varphi}{\rho},\qquad \frac{1}{\rho}\frac{\partial u_\rho}{\partial\varphi}+\frac{\partial u_\varphi}{\partial\rho}-\frac{u_\varphi}{\rho} = 0$$

进行和 5.7 节中相同的运算，可以得到位移分量为：

$$\left.\begin{aligned}
u_\rho &= -\frac{2F}{\pi E}\cos\varphi\ln\rho - \frac{(1-\mu)F}{\pi E}\varphi\sin\varphi + I\cos\varphi + K\sin\varphi\\
u_\varphi &= \frac{2F}{\pi E}\sin\varphi\ln\rho + \frac{(1+\mu)F}{\pi E}\sin\varphi - \frac{(1-\mu)F}{\pi E}\varphi\cos\varphi +\\
&\quad H\rho - I\sin\varphi + K\cos\varphi
\end{aligned}\right\}\tag{e}$$

式中，H、I、K 都是待定系数。

由问题的对称性可知，$(u_\varphi)_{\varphi=0}=0$，将式（e）中的 u_φ 代入，得 $H=K=0$，于是式（e）成为：

$$\left.\begin{aligned}
u_\rho &= -\frac{2F}{\pi E}\cos\varphi\ln\rho - \frac{(1-\mu)F}{\pi E}\varphi\sin\varphi + I\cos\varphi\\
u_\varphi &= \frac{2F}{\pi E}\sin\varphi\ln\rho + \frac{(1+\mu)F}{\pi E}\sin\varphi - \frac{(1-\mu)F}{\pi E}\varphi\cos\varphi - I\sin\varphi
\end{aligned}\right\}\tag{f}$$

如果半平面体不受沿铅直方向的约束，则常数 I 不能确定，因为常数 I 就代表铅直方向（x 方向）的刚体位移。如果半平面体受有铅直方向的约束，就可根据这个约束条件来确定 I。

为了求得边界上任意一点 M 向下的铅直位移，即所谓沉陷，可应用式（f）中的第二式进行求解。注意，位移分量 u_φ 是以沿 φ 的正方向为正，因此，M 点的沉陷是：

$$-(u_\varphi)_{\varphi=\pi/2} = -\frac{2F}{\pi E}\ln\rho - \frac{(1+\mu)F}{\pi E} + I \quad \text{(g)}$$

如果常数 I 未能确定，则沉陷（g）也就不能确定。这时，只能求得相对沉陷。试在边界上取一个基点 B，如图 5-19 所示，它距荷载作用点 O 的水平距离为 s。

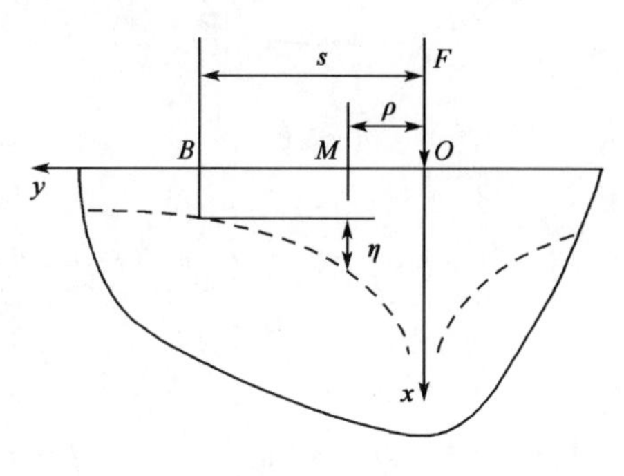

图 5-19

边界上任意一点 M 对于基点 B 的相对沉陷就等于 M 点的沉陷减去 B 点的沉陷，即：

$$\eta = \left[-\frac{2F}{\pi E}\ln\rho - \frac{(1+\mu)F}{\pi E} + I\right] - \left[-\frac{2F}{\pi E}\ln s - \frac{(1+\mu)F}{\pi E} + I\right]$$

化简以后，得：

$$\eta = \frac{2F}{\pi E}\ln\frac{s}{\rho} \tag{5-22}$$

对于平面应变情况下的半平面体，在以上关于应变或位移的公式中，须将 E 换为 $\frac{E}{1-\mu^2}$，将 μ 换为 $\frac{\mu}{1-\mu}$。

本节中的解答是由符拉芒首先得出的，故称符拉芒解答。

5.12　半平面体在边界上受分布力的解答

设半平面体在其直边界的 AB 一段上受有铅直分布力，它在各点的集度为 q，取坐标轴如图 5-20 所示，试求半平面体内任一点 M 处的应力。

在上一节中，已经求得了半平面体在边界上受集中力作用时的解答，本节可以通过叠加法得到半平面体在边界上受分布力作用时的解答。

设 M 点的坐标为（x，y），在 AB 一段上距坐标原点 O 为 ξ 处取微小长度 $d\xi$，并将其上所受的力 $dF = qd\xi$ 看作一个微小集中力。对于这个微小集中力所引起的 M 点的应力，可用式（5-21）求得。但应注意，在式（5-21）中，x 和 y

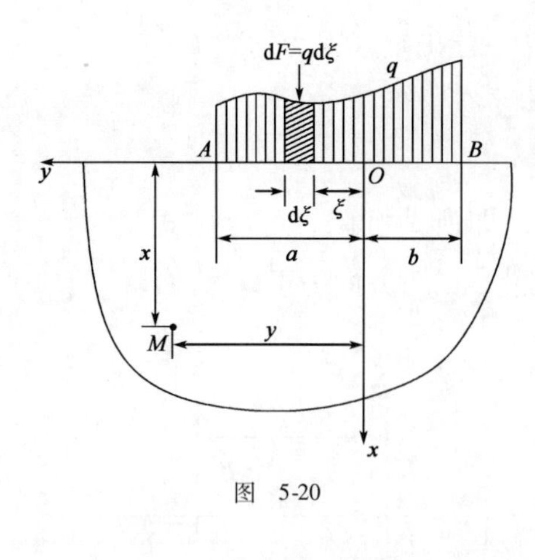

图 5-20

分别为待求应力之点与集中力 F 作用点的铅直和水平距离，而在图 5-20 中，M 点与微小集中力 $\mathrm{d}F$ 的铅直和水平距离分别为 x 和 $y-\xi$，因此，微小集中力 $\mathrm{d}F=q\mathrm{d}\xi$ 在 M 点引起的应力为：

$$\left.\begin{aligned}\mathrm{d}\sigma_x &= -\frac{2q\mathrm{d}\xi}{\pi}\frac{x^3}{[x^2+(y-\xi)^2]^2}\\ \mathrm{d}\sigma_y &= -\frac{2q\mathrm{d}\xi}{\pi}\frac{x(y-\xi)^2}{[x^2+(y-\xi)^2]^2}\\ \mathrm{d}\tau_{xy} &= -\frac{2q\mathrm{d}\xi}{\pi}\frac{x^2(y-\xi)}{[x^2+(y-\xi)^2]^2}\end{aligned}\right\}$$

为了求出全部分布力所引起的应力，只需将所有微小集中力引起的应力叠加起来，也就是在 $\xi=-b$ 到 $\xi=a$ 的范围内求上列三式的积分，即：

$$\left.\begin{aligned}\sigma_x &= -\frac{2}{\pi}\int_{-b}^{a}\frac{qx^3\mathrm{d}\xi}{[x^2+(y-\xi)^2]^2}\\ \sigma_y &= -\frac{2}{\pi}\int_{-b}^{a}\frac{qx(y-\xi)^2\mathrm{d}\xi}{[x^2+(y-\xi)^2]^2}\\ \tau_{xy} &= -\frac{2}{\pi}\int_{-b}^{a}\frac{qx^2(y-\xi)\mathrm{d}\xi}{[x^2+(y-\xi)^2]^2}\end{aligned}\right\} \tag{5-23}$$

注意，由于分布力的集度 q 是一个变量，所以在应用上列公式时，需将 q 表示成 ξ 的函数，然后再进行积分。

对于均布荷载，q 是常量，应用式（5-23），得

$$\left.\begin{aligned}\sigma_x &= -\frac{2q}{\pi}\int_{-b}^{a}\frac{x^3\mathrm{d}\xi}{[x^2+(y-\xi)^2]^2} = -\frac{q}{\pi}\left[\arctan\frac{y+b}{x}-\arctan\frac{y-a}{x}+\frac{x(y+b)}{x^2+(y+b)^2}-\frac{x(y-a)}{x^2+(y-a)^2}\right]\\ \sigma_y &= -\frac{2q}{\pi}\int_{-b}^{a}\frac{x(y-\xi)^2\mathrm{d}\xi}{[x^2+(y-\xi)^2]^2} = -\frac{q}{\pi}\left[\arctan\frac{y+b}{x}-\arctan\frac{y-a}{x}-\frac{x(y+b)}{x^2+(y+b)^2}+\frac{x(y-a)}{x^2+(y-a)^2}\right]\\ \tau_{xy} &= -\frac{2q}{\pi}\int_{-b}^{a}\frac{x^2(y-\xi)\mathrm{d}\xi}{[x^2+(y-\xi)^2]^2} = \frac{q}{\pi}\left[\frac{x^2}{x^2+(y+b)^2}-\frac{x^2}{x^2+(y-a)^2}\right]\end{aligned}\right\}$$

思考与练习

5-1　简述极坐标和直角坐标的区别与联系。

5-2　试比较极坐标系和直角坐标系中的平衡微分方程、几何方程和物理方程，指出哪些项是相似的，哪些项是极坐标特有的，并说明产生这些项的原因。

5-3　在极坐标中按应力求解平面问题时，应力函数应满足哪些条件？

5-4　什么是轴对称？什么是轴对称应力问题？什么是轴对称位移问题？

5-5　什么是接触问题？接触问题分为哪几类？

5-6　什么是小孔口问题？什么是孔口应力集中？孔口应力集中的特点是什么？

5-7　试导出轴对称位移问题中，按应力求解时的相容方程。

5-8　设悬臂梁的受力情况如图5-21所示，试分别按直角坐标系和极坐标系写出其应力边界条件，固定端不必写出。

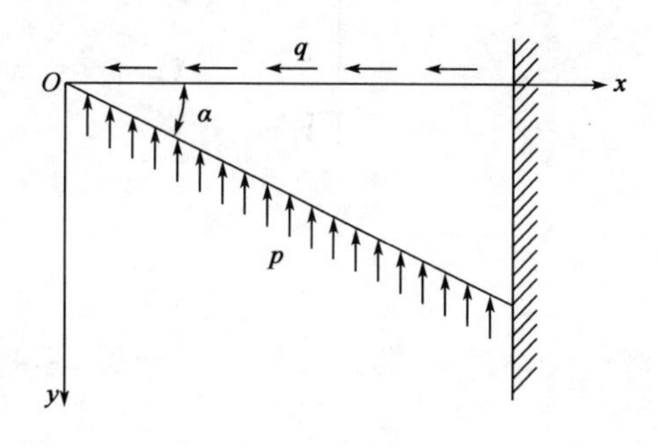

图　5-21

5-9　试证应力函数 $\Phi=\frac{M}{2\pi}\varphi$ 能满足相容方程，并求出对应的应力分量。若在内半径为 r、外半径为 R 且厚度为1的圆环中发生上述应力，试求出边界上的面力。

5-10　设上题所述的圆环在 $\rho=r$ 处被固定，试求位移分量。

5-11　如图5-22所示的三角形悬臂梁，在上边界 $y=0$ 受到均布压力 q 的作用，试用应力函数

$$\Phi = C[\rho^2(\alpha-\varphi)+\rho^2\sin\varphi\cos\varphi-\rho^2\cos^2\varphi\tan\alpha]$$

求解其应力分量。

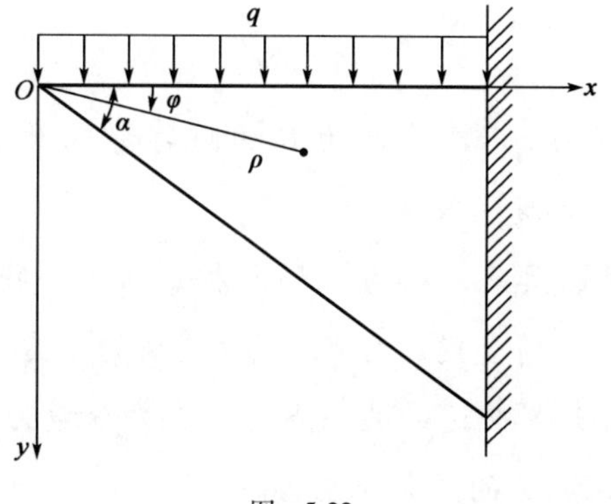

图　5-22

5-12　如图 5-23 所示，在楔形体两侧受线性分布的液体压力 $q=\rho g$ 作用（ρ 为液体密度），试求其应力分量。

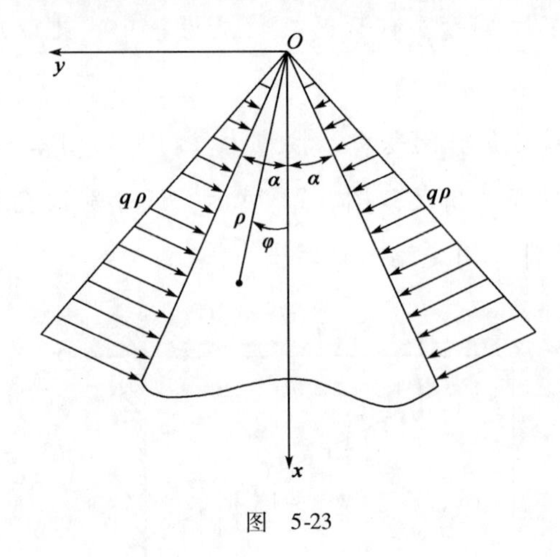

图　5-23

5-13　楔形体右侧面受均布荷载 q 的作用，如图 5-24 所示，试求其应力分量。

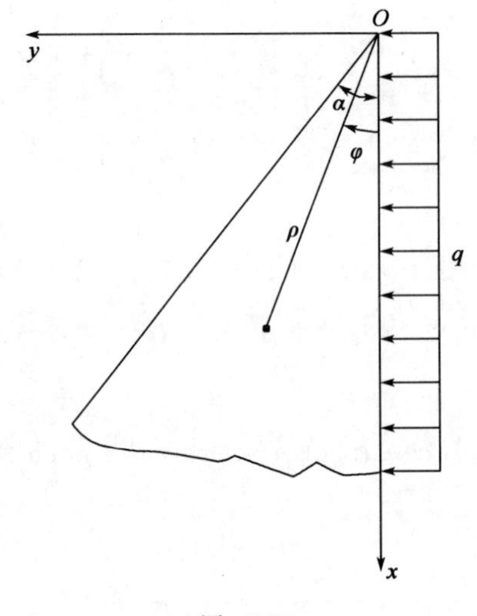

图　5-24

5-14　设有内半径为 r 而外半径为 R 的圆筒受内压力 q，试求内半径和外半径的改变，并求圆筒厚度的改变。

5-15　设有一刚体，具有半径为 R 的圆柱形孔道，孔道内放置外半径为 R 而内半径为 r 的圆筒，圆筒受内压力 q，试求圆筒的应力。

5-16　在薄板内距边界较远的某一点处，应力分量为 $\sigma_x=\sigma_y=\tau_{xy}=q$，如该处有一小圆孔，试求孔边的最大正应力。

5-17　设半平面体在直边界上受集中力偶，单位宽度上的力偶为 M，如图 5-25 所示，试求解应力分量。

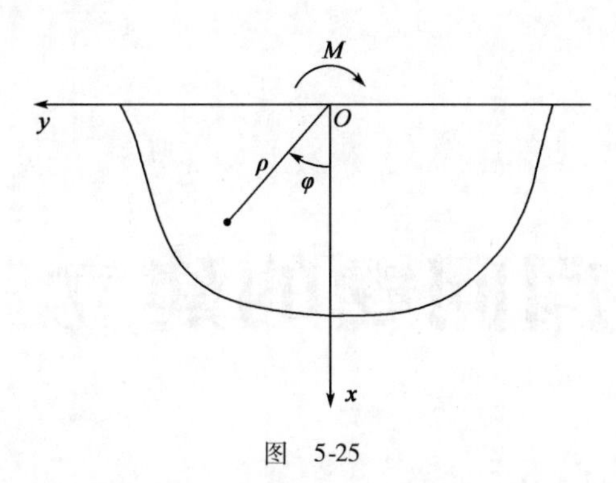

图　5-25

5-18　如图 5-26 所示，楔形体在顶部受集中力 P 的作用，试用应力函数 $\Phi=\rho\varphi(C\cos\varphi+D\sin\varphi)$ 求解其应力分量。

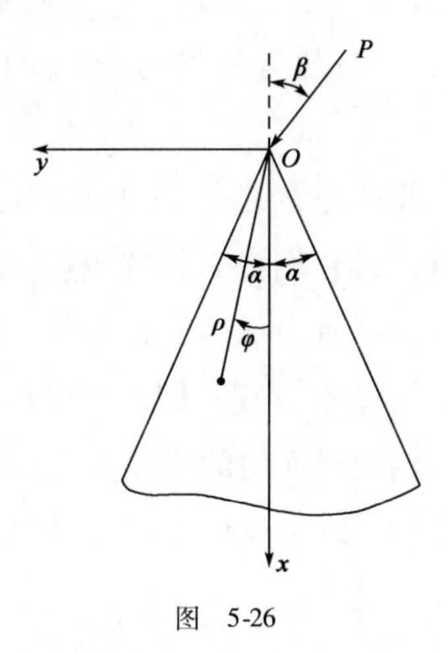

图　5-26

5-19　设有厚度为 1 的无限大薄板，在板内小孔中受集中力 F，如图 5-27 所示，试用应力函数 $\Phi=A\rho\ln\rho\cos\varphi+B\rho\varphi\sin\varphi$ 求解应力分量。

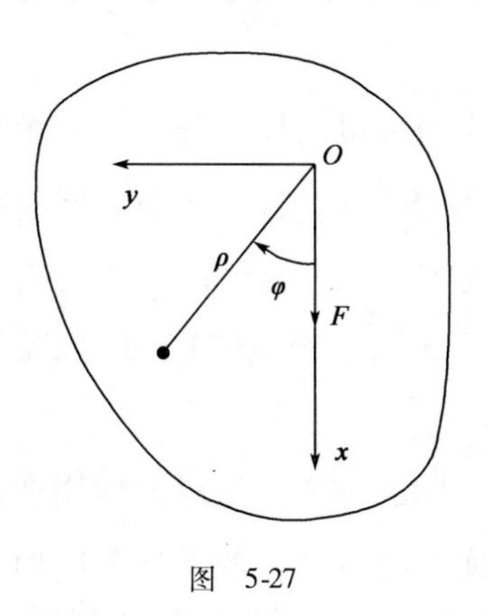

图　5-27

第6章

弹性力学空间问题的建立

所谓空间问题，是指在给定的三维坐标中，待求问题的所有几何量和物理量（如应力分量、应变分量和位移分量等）均为三个坐标（如直角坐标 x、y、z）的函数。

对于一般的弹性力学空间问题，共有 15 个未知函数，即 6 个应力分量、6 个应变分量和 3 个位移分量，且它们都是位置坐标 x、y、z 的函数。为了求解弹性力学空间问题，在弹性体区域内部，仍然要考虑静力学、几何学和物理学三方面的条件，分别建立三套基本方程，即 3 个平衡微分方程、6 个几何方程和 6 个物理方程；并在给定约束或面力的边界上，分别建立位移边界条件或应力边界条件；然后在边界条件下求解这些方程，得到应力分量、应变分量和位移分量。

6.1　空间问题的平衡微分方程

平衡微分方程是表示应力分量与体力分量之间关系的方程式。本节将根据空间问题区域内静力学方面的条件，推导出空间问题的平衡微分方程。

在物体内的任意一点 P，取一个微小的平行六面体，它的棱边 PA、PB、PC 分别平行于 x、y、z 轴，长度 $PA=\mathrm{d}x$、$PB=\mathrm{d}y$、$PC=\mathrm{d}z$，如图 6-1 所示。

由于应力分量是位置坐标的函数，所以，作用在六面体两对面上的应力分量一般是不完全相同的，而是具有微小的差量。例如，作用在后面上的正应力

是 σ_x，由于 x 坐标改变了 $\mathrm{d}x$，所以作用在前面上的正应力应为 $\sigma_x+\frac{\partial\sigma_x}{\partial x}$，其余类推。图 6-1 给出了平行六面体各面上正的应力分量。由于所取的六面体是微小的，因此，可以认为体力是均匀分布的。

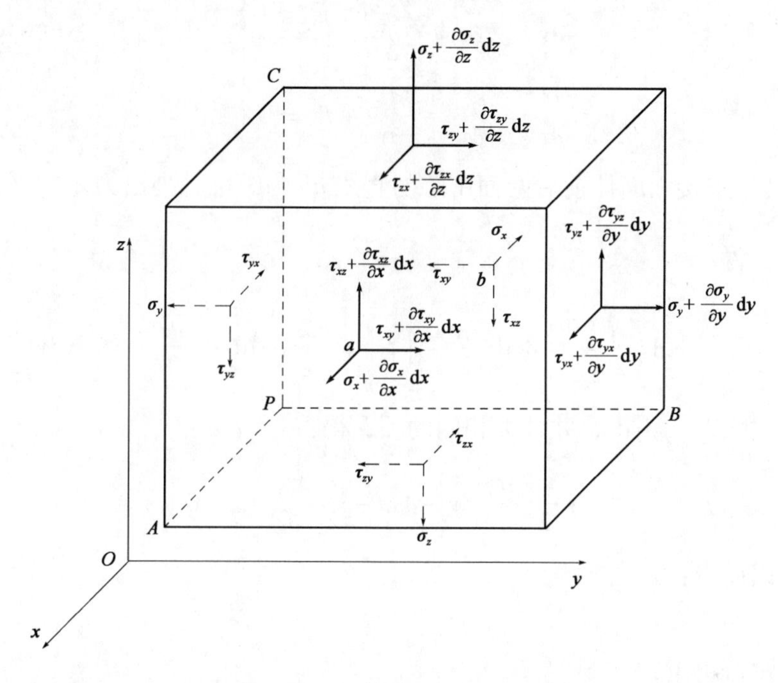

图　6-1

（1）以 x 轴为投影轴，列出投影的平衡方程 $\sum F_x=0$，得：

$$\left(\sigma_x+\frac{\partial\sigma_x}{\partial x}\mathrm{d}x\right)\mathrm{d}y\mathrm{d}z-\sigma_x\mathrm{d}y\mathrm{d}z+\left(\tau_{yx}+\frac{\partial\tau_{yx}}{\partial y}\mathrm{d}y\right)\mathrm{d}z\mathrm{d}x-\tau_{yx}\mathrm{d}z\mathrm{d}x+$$

$$\left(\tau_{zx}+\frac{\partial\tau_{zx}}{\partial z}\mathrm{d}z\right)\mathrm{d}x\mathrm{d}y-\tau_{zx}\mathrm{d}x\mathrm{d}y+f_x\mathrm{d}x\mathrm{d}y\mathrm{d}z=0$$

将这个方程除以 $\mathrm{d}x\mathrm{d}y\mathrm{d}z$，并经化简可得：

$$\frac{\partial\sigma_x}{\partial x}+\frac{\partial\tau_{yx}}{\partial y}+\frac{\partial\tau_{zx}}{\partial z}+f_x=0 \tag{a}$$

同理，分别以 y 轴和 z 轴为投影轴，列出投影的另外两个平衡方程，$\sum F_y=0$ 和 $\sum F_z=0$，可得到与式（a）类似的两个方程，即：

$$\frac{\partial\sigma_y}{\partial y}+\frac{\partial\tau_{zy}}{\partial z}+\frac{\partial\tau_{xy}}{\partial x}+f_y=0,\qquad \frac{\partial\sigma_z}{\partial z}+\frac{\partial\tau_{xz}}{\partial x}+\frac{\partial\tau_{yz}}{\partial y}+f_z=0 \tag{b}$$

将式（a）与式（b）联合起来，即得到空间问题的平衡微分方程为：

$$\left.\begin{aligned}\frac{\partial \sigma_x}{\partial x}+\frac{\partial \tau_{yx}}{\partial y}+\frac{\partial \tau_{zx}}{\partial z}+f_x &= 0\\ \frac{\partial \sigma_y}{\partial y}+\frac{\partial \tau_{zy}}{\partial z}+\frac{\partial \tau_{xy}}{\partial x}+f_y &= 0\\ \frac{\partial \sigma_z}{\partial z}+\frac{\partial \tau_{xz}}{\partial x}+\frac{\partial \tau_{yz}}{\partial y}+f_z &= 0\end{aligned}\right\} \tag{6-1}$$

（2）以连接六面体前后两面中心的直线 ab 为矩轴，列出力矩的平衡方程 $\sum M_{ab}=0$，得：

$$\left(\tau_{yz}+\frac{\partial \tau_{yz}}{\partial y}\mathrm{d}y\right)\mathrm{d}x\mathrm{d}z\,\frac{\mathrm{d}y}{2}+\tau_{yz}\mathrm{d}x\mathrm{d}z\,\frac{\mathrm{d}y}{2}-\left(\tau_{zy}+\frac{\partial \tau_{zy}}{\partial z}\mathrm{d}z\right)\mathrm{d}x\mathrm{d}y\,\frac{\mathrm{d}z}{2}-\tau_{zy}\mathrm{d}x\mathrm{d}y\,\frac{\mathrm{d}z}{2}=0$$

将上式除以 $\mathrm{d}x\mathrm{d}y\mathrm{d}z$，并合并相同的项，得：

$$\tau_{yz}+\frac{1}{2}\frac{\partial \tau_{yz}}{\partial y}\mathrm{d}y-\tau_{zy}-\frac{1}{2}\frac{\partial \tau_{zy}}{\partial z}\mathrm{d}z=0$$

略去微量以后得：

$$\tau_{yz}=\tau_{zy} \tag{c}$$

同理，还可以得出：

$$\tau_{zx}=\tau_{xz},\qquad \tau_{xy}=\tau_{yx} \tag{d}$$

式（c）与式（d）是以前已经得到的结果，只是又一次证明了切应力的互等性。

6.2　空间问题的几何方程与物理方程

几何方程表示的是应变分量与位移分量之间的关系。在空间问题中，考虑几何学方面的条件，可以得到应变分量与位移分量之间的 6 个关系式，即空间问题的几何方程为：

$$\left.\begin{aligned}&\varepsilon_x=\frac{\partial u}{\partial x},\qquad \varepsilon_y=\frac{\partial v}{\partial y},\qquad \varepsilon_z=\frac{\partial w}{\partial z}\\ &\gamma_{yz}=\frac{\partial w}{\partial y}+\frac{\partial v}{\partial z},\qquad \gamma_{zx}=\frac{\partial u}{\partial z}+\frac{\partial w}{\partial x},\qquad \gamma_{xy}=\frac{\partial v}{\partial x}+\frac{\partial u}{\partial y}\end{aligned}\right\} \tag{6-2}$$

物理方程表示的是应力分量与应变分量之间的关系。考虑空间问题物理学方面的条件，可以得到应力分量与应变分量之间的 6 个关系式，即空间问题的物理方程为：

$$\left.\begin{aligned}\varepsilon_x &= \frac{1}{E}[\sigma_x - \mu(\sigma_y + \sigma_z)]\\ \varepsilon_y &= \frac{1}{E}[\sigma_y - \mu(\sigma_z + \sigma_x)]\\ \varepsilon_z &= \frac{1}{E}[\sigma_z - \mu(\sigma_x + \sigma_y)]\\ \gamma_{yz} &= \frac{2(1+\mu)}{E}\tau_{yz}\\ \gamma_{zx} &= \frac{2(1+\mu)}{E}\tau_{zx}\\ \gamma_{xy} &= \frac{2(1+\mu)}{E}\tau_{xy}\end{aligned}\right\} \tag{6-3}$$

（1）体应变

所谓体应变，就是空间弹性体每单位体积的体积改变。

为了求得弹性体的体应变，取一微小的正平行六面体，其棱边长度分别为 dx、dy、dz，在变形之前，它的体积是 dxdydz，变形之后，它的体积将成为 $(dx+\varepsilon_x dx)(dy+\varepsilon_y dy)(dz+\varepsilon_z dz)$，因此，它的体应变为：

$$\begin{aligned}\theta &= \frac{(dx+\varepsilon_x dx)(dy+\varepsilon_y dy)(dz+\varepsilon_z dz) - dxdydz}{dxdydz}\\ &= (1+\varepsilon_x)(1+\varepsilon_y)(1+\varepsilon_z) - 1\\ &= \varepsilon_x + \varepsilon_y + \varepsilon_z + \varepsilon_y\varepsilon_z + \varepsilon_z\varepsilon_x + \varepsilon_x\varepsilon_y + \varepsilon_x\varepsilon_y\varepsilon_z\end{aligned}$$

由于假定位移和形变都是微小的，所以可略去线应变的乘积项（更高阶的微量），从而使上式简化为：

$$\theta = \varepsilon_x + \varepsilon_y + \varepsilon_z \tag{6-4}$$

将几何方程（6-2）中的前三式代入式（6-4），得：

$$\theta = \frac{\partial u}{\partial x} + \frac{\partial v}{\partial y} + \frac{\partial w}{\partial z} \tag{6-5}$$

体应变式（6-5）表明了体应变与位移分量之间的简单微分关系。

（2）体积应力

为了求得弹性体的体积应力，将物理方程式（6-3）中的前三式相加，得：

$$\varepsilon_x + \varepsilon_y + \varepsilon_z = \frac{1-2\mu}{E}(\sigma_x + \sigma_y + \sigma_z)$$

应用式（6-4），并令 $\sigma_x+\sigma_y+\sigma_z=\Theta$，则上式可简写为：

$$\theta=\frac{1-2\mu}{E}\Theta \tag{6-6}$$

已知 $\theta=\varepsilon_x+\varepsilon_y+\varepsilon_z$ 是体应变，式（6-6）表明，体应变 θ 和 Θ 呈正比，因此，将 $\Theta=\sigma_x+\sigma_y+\sigma_z$ 称为体积应力，而 Θ 与 θ 之间的比例常数 $\frac{E}{1-2\mu}$ 称为体积模量。

（3）物理方程的另一种表示形式

物理方程（6-3）是应力分量表示应变分量的形式，为了今后使用方便，现推导出物理方程的另一种表示形式，即应变分量表示应力分量的形式。

由物理方程（6-3）中的第一式得：

$$\varepsilon_x=\frac{1}{E}[(1+\mu)\sigma_x-\mu(\sigma_x+\sigma_y+\sigma_z)]=\frac{1}{E}[(1+\mu)\sigma_x-\mu\Theta]$$

求解 σ_x，得：

$$\sigma_x=\frac{1}{1+\mu}(E\varepsilon_x+\mu\Theta)$$

将由式（6-6）得来的 $\Theta=\frac{E\theta}{1-2\mu}$ 代入，得：

$$\sigma_x=\frac{E}{1+\mu}\left(\frac{\mu}{1-2\mu}\theta+\varepsilon_x\right)$$

对于 σ_y 和 σ_z，也可以推导出与此相似的两个方程。此外，再由式（6-3）中的后三式求解出切应力分量，从而可得到以下 6 个方程：

$$\left.\begin{aligned}
\sigma_x&=\frac{E}{1+\mu}\left(\frac{\mu}{1-2\mu}\theta+\varepsilon_x\right)\\
\sigma_y&=\frac{E}{1+\mu}\left(\frac{\mu}{1-2\mu}\theta+\varepsilon_y\right)\\
\sigma_z&=\frac{E}{1+\mu}\left(\frac{\mu}{1-2\mu}\theta+\varepsilon_z\right)\\
\tau_{yz}&=\frac{E}{2(1+\mu)}\gamma_{yz}\\
\tau_{zx}&=\frac{E}{2(1+\mu)}\gamma_{zx}\\
\tau_{xy}&=\frac{E}{2(1+\mu)}\gamma_{xy}
\end{aligned}\right\} \tag{6-7}$$

这就是空间问题物理方程的第二种表示形式，其中的应力分量是用应变分量来表示的。

6.3　空间问题的边界条件

边界条件表示在边界面上位移与约束以及应力与面力之间的关系式。空间问题的边界条件也分为三类，即位移边界条件、应力边界条件和混合边界条件。

（1）位移边界条件

在弹性体给定约束位移的边界 s_u 上，空间问题的位移边界条件为：

$$(u)_s = \bar{u}, \quad (v)_s = \bar{v}, \quad (w)_s = \bar{w} \quad （在 s_u 上） \tag{6-8}$$

式（6-8）等号左边是位移分量的边界值，等号右边是该边界面上的约束位移分量的已知值。

（2）应力边界条件

在2.3节中，式（2-36）给出了空间问题的应力边界条件，即：

$$\left.\begin{aligned}(l\sigma_x + m\tau_{yx} + n\tau_{zx})_s &= \bar{f}_x \\ (m\sigma_y + n\tau_{zy} + l\tau_{xy})_s &= \bar{f}_y \\ (n\sigma_z + l\tau_{xz} + m\tau_{yz})_s &= \bar{f}_z\end{aligned}\right\} \quad （在 s_\sigma 上） \tag{6-9}$$

（3）混合边界条件

在空间问题中，物体的一部分边界具有位移边界条件，另一部分边界具有应力边界条件；或者物体的同一部分边界上既具有位移边界条件，又具有应力边界条件，这些都属于混合边界条件。

【例6-1】　如图6-2所示的弹性体为一长柱形体，在顶面 $z=0$ 上有一集中力 P 作用于角点，试写出 $z=0$ 边界面上的应力边界条件。

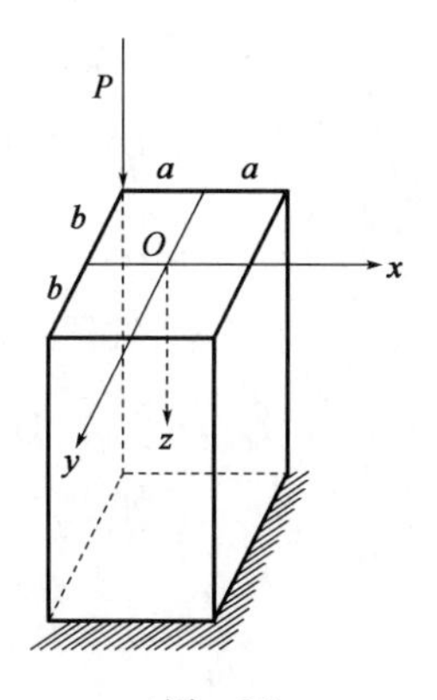

图　6-2

【解】　本例题为空间问题，$z=0$ 的边界面是次要边界，因此，可以应用圣维南原理列出该边界面上的应力边界条件为：

$$\int_{-a}^{a}\int_{-b}^{b}\sigma_z \mathrm{d}x\mathrm{d}y = -P, \quad \int_{-a}^{a}\int_{-b}^{b}\tau_{zx}\mathrm{d}x\mathrm{d}y = 0$$

$$\int_{-a}^{a}\int_{-b}^{b}\tau_{zy}\mathrm{d}x\mathrm{d}y = 0, \quad \int_{-a}^{a}\int_{-b}^{b}\sigma_z x\mathrm{d}x\mathrm{d}y = Pa$$

$$\int_{-a}^{a}\int_{-b}^{b}\sigma_z y\mathrm{d}x\mathrm{d}y = Pb, \qquad \int_{-a}^{a}\int_{-b}^{b}(x\tau_{zy} - y\tau_{zx})\mathrm{d}x\mathrm{d}y = 0$$

总结起来，对于直角坐标系中的空间问题，待求的未知函数有15个，即6个应力分量 σ_x、σ_y、σ_z、τ_{yz}、τ_{zx}、τ_{xy}；6个应变分量 ε_x、ε_y、ε_z、γ_{yz}、γ_{zx}、γ_{xy}；3个位移分量 u、v、w。这15个未知函数在弹性体区域内应当满足15个基本方程，即3个平衡微分方程（6-1）、6个几何方程（6-2）、6个物理方程（6-3）或（6-7）。此外，在给定约束位移的边界 s_u 上，应当满足位移边界条件（6-8），在给定面力的边界 s_σ 上，还应当满足应力边界条件（6-9）。

6.4 空间轴对称问题的基本方程

在空间问题中，如果弹性体的几何形状、约束情况以及所受的外力都是对称于某一轴（通过这个轴的任一平面都是对称面）的，则所有的应力、应变和位移也就对称于这一轴，这种问题称为空间轴对称问题。

在表示空间轴对称问题的应力、应变和位移时，宜采用圆柱坐标 ρ、φ、z。这是因为，如果以弹性体的对称轴为 z 轴，如图6-3所示，则所有的应力分量、应变分量和位移分量都将只是 ρ 和 z 的函数，不随 φ 而变；并且具有方向性的各物理量应当对称于通过 z 轴的任何平面，凡不符合对称性的物理量必然不存在，应当等于零。

（1）空间轴对称问题的平衡微分方程

用相距 $\mathrm{d}\rho$ 的两个圆柱面，互成 $\mathrm{d}\varphi$ 角的两个铅直面以及相距 $\mathrm{d}z$ 的两个水平面，从弹性体中割取一个微小的六面体 $PABC$，如图6-3所示。沿 ρ 方向的正应力称为径向正应力，用 σ_ρ 表示；沿 φ 方向的正应力称为环向正应力，用 σ_φ 表示；沿 z 方向的正应力称为轴向正应力，仍然用 σ_z 表示；作用在圆柱面上而沿 z 方向作用的切应力用 $\tau_{\rho z}$ 表示，作用在水平面上而沿 ρ 方向作用的切应力用 $\tau_{z\rho}$ 表示。根据切应力的互等性，$\tau_{z\rho} = \tau_{\rho z}$；由于对称性，$\tau_{\rho\varphi} = \tau_{\varphi\rho}$ 和 $\tau_{\varphi z} = \tau_{z\varphi}$ 都不存在。因此，对于空间轴对称问题，只存在四个应力分量，即 σ_ρ、σ_φ、σ_z、$\tau_{z\rho} = \tau_{\rho z}$，且它们都是 ρ 和 z 的函数。

如果六面体内圆柱面上的正应力是 σ_ρ，则外圆柱面上的正应力应当是 $\sigma_\rho + \frac{\partial \sigma_\rho}{\partial \rho}\mathrm{d}\rho$。由于对称，$\sigma_\varphi$ 在水平环向内没有增量。如果六面体下面的正应力是

σ_z，则上面的正应力应当是 $\sigma_z+\dfrac{\partial\sigma_z}{\partial z}\mathrm{d}z$。同理，内面和外面上的切应力分别为 $\tau_{\rho z}$ 和 $\tau_{\rho z}+\dfrac{\partial\tau_{\rho z}}{\partial\rho}\mathrm{d}\rho$，下面和上面的切应力分别为 $\tau_{z\rho}$ 和 $\tau_{z\rho}+\dfrac{\partial\tau_{z\rho}}{\partial z}\mathrm{d}z$。径向和 z 方向的体力分别用 f_ρ 和 f_z 表示。

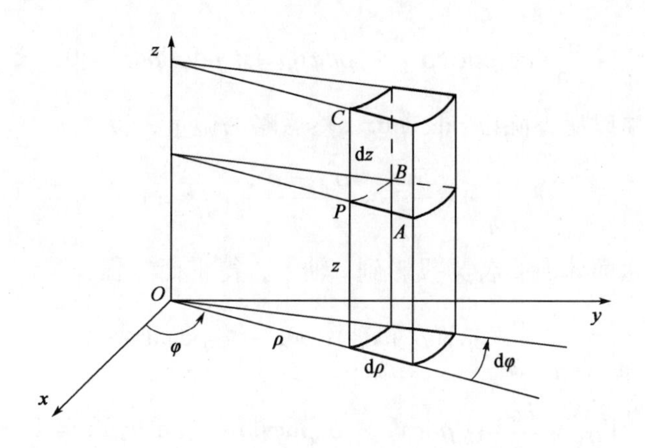

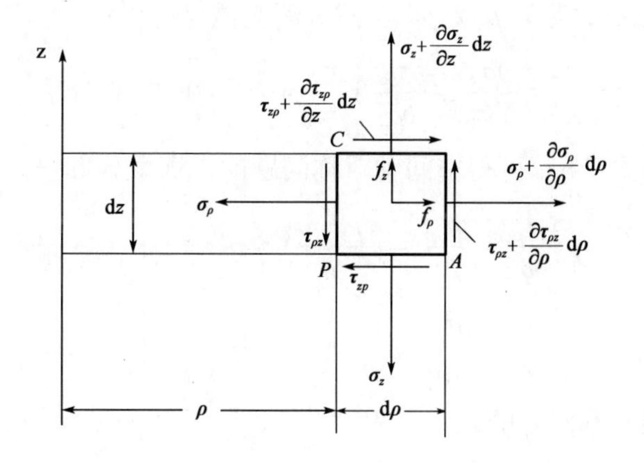

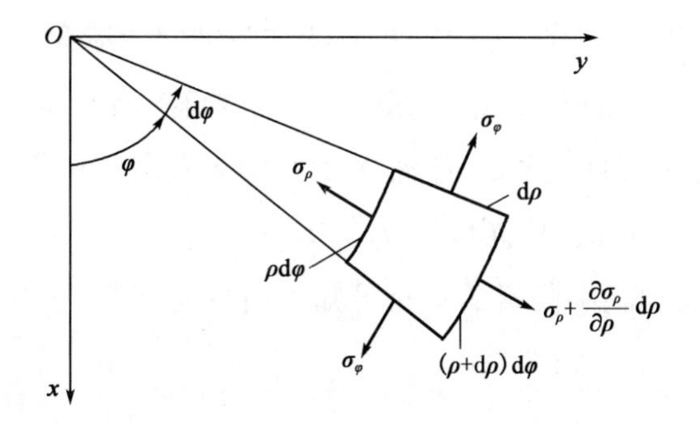

图　6-3

将六面体所受各力投影到六面体中心的径向轴上，且取 $\sin\frac{d\varphi}{2}\approx\frac{d\varphi}{2}$，$\cos\frac{d\varphi}{2}\approx 1$，则平衡方程为：

$$\left(\sigma_\rho+\frac{\partial\sigma_\rho}{\partial\rho}d\rho\right)(\rho+d\rho)d\varphi dz-\sigma_\rho\rho d\varphi dz-2\sigma_\varphi d\rho dz\frac{d\varphi}{2}+$$

$$\left(\tau_{z\rho}+\frac{\partial\tau_{z\rho}}{\partial z}dz\right)\rho d\varphi d\rho-\tau_{z\rho}\rho d\varphi d\rho+f_\rho\rho d\varphi d\rho dz=0$$

合并同类项以后，除以 $\rho d\varphi d\rho dz$，然后略去微量，得：

$$\frac{\partial\sigma_\rho}{\partial\rho}+\frac{\partial\tau_{z\rho}}{\partial z}+\frac{\sigma_\rho-\sigma_\varphi}{\rho}+f_\rho=0 \tag{a}$$

同理，将六面体所受各力投影到 z 轴上，得平衡方程：

$$\left(\tau_{\rho z}+\frac{\partial\tau_{\rho z}}{\partial\rho}d\rho\right)(\rho+d\rho)d\varphi dz-\tau_{\rho z}\rho d\varphi dz+$$

$$\left(\sigma_z+\frac{\partial\sigma_z}{\partial z}dz\right)\rho d\varphi d\rho-\sigma_z\rho d\varphi d\rho+f_z\rho d\varphi d\rho dz=0$$

合并同类项以后，除以 $\rho d\varphi d\rho dz$，然后略去微量，得：

$$\frac{\partial\sigma_z}{\partial z}+\frac{\partial\tau_{\rho z}}{\partial\rho}+\frac{\tau_{\rho z}}{\rho}+f_z=0 \tag{b}$$

由式（a）和式（b）可得空间轴对称问题的平衡微分方程为：

$$\left.\begin{aligned}&\frac{\partial\sigma_\rho}{\partial\rho}+\frac{\partial\tau_{z\rho}}{\partial z}+\frac{\sigma_\rho-\sigma_\varphi}{\rho}+f_\rho=0\\&\frac{\partial\sigma_z}{\partial z}+\frac{\partial\tau_{\rho z}}{\partial\rho}+\frac{\tau_{\rho z}}{\rho}+f_z=0\end{aligned}\right\} \tag{6-10}$$

（2）空间轴对称问题的几何方程

沿 ρ 方向的线应变称为径向线应变，用 ε_ρ 表示；沿 φ 方向的线应变称为环向线应变，用 ε_φ 表示；沿 z 方问的线应变称为轴向线应变，仍然用 ε_z 表示；ρ 方向与 z 方向之间直角的改变用 $\gamma_{z\rho}$ 表示。由于对称，$\gamma_{\rho\varphi}$ 和 $\gamma_{\varphi z}$ 都等于零。沿 ρ 方向的位移分量称为径向位移，用 u_ρ 表示；沿 z 方向的位移分量称为轴向位移，用 u_z 表示。由于对称，环向位移 $u_\varphi=0$。

通过进行与平面问题中同样的分析可知，由径向位移 u_ρ 引起的应变为：

$$\varepsilon_\rho=\frac{\partial u_\rho}{\partial\rho},\qquad\varepsilon_\varphi=\frac{u_\rho}{\rho},\qquad\gamma_{z\rho}=\frac{\partial u_\rho}{\partial z} \tag{a}$$

由轴向位移 u_z 引起的应变为：

$$\varepsilon_z = \frac{\partial u_z}{\partial z}, \qquad \gamma_{z\rho} = \frac{\partial u_z}{\partial \rho} \tag{b}$$

将式（a）与式（b）两组应变叠加，得到空间轴对称问题的几何方程为：

$$\varepsilon_\rho = \frac{\partial u_\rho}{\partial \rho}, \qquad \varepsilon_\varphi = \frac{u_\rho}{\rho}, \qquad \varepsilon_z = \frac{\partial u_z}{\partial z}, \qquad \gamma_{z\rho} = \frac{\partial u_\rho}{\partial z} + \frac{\partial u_z}{\partial \rho} \tag{6-11}$$

（3）空间轴对称问题的物理方程

由于圆柱坐标系和直角坐标系都是正交坐标系，所以，空间轴对称问题的物理方程可以直接根据胡克定律得到，即：

$$\left.\begin{aligned}
\varepsilon_\rho &= \frac{1}{E}[\sigma_\rho - \mu(\sigma_\varphi + \sigma_z)] \\
\varepsilon_\varphi &= \frac{1}{E}[\sigma_\varphi - \mu(\sigma_z + \sigma_\rho)] \\
\varepsilon_z &= \frac{1}{E}[\sigma_z - \mu(\sigma_\rho + \sigma_\varphi)] \\
\gamma_{z\rho} &= \frac{1}{G}\tau_{z\rho} = \frac{2(1+\mu)}{E}\tau_{z\rho}
\end{aligned}\right\} \tag{6-12}$$

将式（6-12）中的前三项相加，可以得到：

$$\theta = \frac{1-2\mu}{E}\Theta$$

其中，体应变为：

$$\theta = \varepsilon_\rho + \varepsilon_\varphi + \varepsilon_z = \frac{\partial u_\rho}{\partial \rho} + \frac{u_\rho}{\rho} + \frac{\partial u_z}{\partial z} \tag{6-13}$$

而体积应力为：

$$\Theta = \sigma_\rho + \sigma_\varphi + \sigma_z \tag{6-14}$$

通过与 6.2 节中同样的处理，也可以得到空间轴对称问题物理方程的另一种形式，即用应变分量表示应力分量的形式，为：

$$\left.\begin{aligned}
\sigma_\rho &= \frac{E}{1+\mu}\left(\frac{\mu}{1-2\mu}\theta + \varepsilon_\rho\right), \qquad \sigma_\varphi = \frac{E}{1+\mu}\left(\frac{\mu}{1-2\mu}\theta + \varepsilon_\varphi\right) \\
\sigma_z &= \frac{E}{1+\mu}\left(\frac{\mu}{1-2\mu}\theta + \varepsilon_z\right), \qquad \tau_{z\rho} = \frac{E}{2(1+\mu)}\gamma_{z\rho}
\end{aligned}\right\} \tag{6-15}$$

思考与练习

6-1　在直角坐标系中，试从平面问题的基本方程和边界条件推广得出空间问题的基本方程和边界条件，并说明理由。

6-2　试从平面轴对称问题的基本方程推广得出空间轴对称问题的基本方程，并说明理由。

6-3　设某一物体发生的位移为：

$$u = a_0 + a_1 x + a_2 y + a_3 z$$

$$v = b_0 + b_1 x + b_2 y + b_3 z$$

$$w = c_0 + c_1 x + c_2 y + c_3 z$$

试证明：①各个应变分量在物体内为常量（即所谓均匀形变）；②在变形以后，物体内的平面保持为平面；③直线保持为直线；④平行面保持平行；⑤平行线保持平行；⑥正平行六面体变成斜平行六面体；⑦圆球面变成椭圆面。

6-4　如果所有的应变分量均为零，即 $\varepsilon_x = \varepsilon_y = \varepsilon_z = \gamma_{yz} = \gamma_{zx} = \gamma_{xy} = 0$，试求对应的位移分量。

第 7 章

弹性力学空间问题的求解

弹性力学空间问题共有 15 个待求的未知函数，即 6 个应力分量、6 个应变分量和 3 个位移分量，基本方程也有 15 个，即 3 个平衡微分方程、6 个几何方程和 6 个物理方程。从数学的角度来讲，弹性力学空间问题是可以求解的，并且可以证明在大多数情况下其解还是唯一的。因此，不论采用什么求解方法，只要 15 个未知函数满足了 15 个基本方程，同时还满足了给定的边界条件，那么求得的解就是弹性力学空间问题的正确解。

与弹性力学平面问题的求解方法类似，弹性力学空间问题也可以按两种方法进行求解，即按位移求解和按应力求解。

7.1　按位移求解空间问题

按位移求解空间问题，就是以位移分量为基本未知函数，通过消元法，导出弹性体区域内求解位移的基本微分方程和相应的边界条件。对于空间问题来说，就是要从基本方程中消去应力分量和应变分量，得到只包含位移分量的微分方程，现推导如下。

将几何方程（6-2）代入物理方程（6-7），得到用位移分量表示应力分量的弹性方程为：

$$
\left.\begin{aligned}
\sigma_x &= \frac{E}{1+\mu}\left(\frac{\mu}{1-2\mu}\theta + \frac{\partial u}{\partial x}\right)\\
\sigma_y &= \frac{E}{1+\mu}\left(\frac{\mu}{1-2\mu}\theta + \frac{\partial v}{\partial y}\right)\\
\sigma_z &= \frac{E}{1+\mu}\left(\frac{\mu}{1-2\mu}\theta + \frac{\partial w}{\partial z}\right)\\
\tau_{yz} &= \frac{E}{2(1+\mu)}\left(\frac{\partial w}{\partial y} + \frac{\partial v}{\partial z}\right)\\
\tau_{zx} &= \frac{E}{2(1+\mu)}\left(\frac{\partial u}{\partial z} + \frac{\partial w}{\partial x}\right)\\
\tau_{xy} &= \frac{E}{2(1+\mu)}\left(\frac{\partial v}{\partial x} + \frac{\partial u}{\partial y}\right)
\end{aligned}\right\} \tag{7-1}
$$

其中：

$$
\theta = \frac{\partial u}{\partial x} + \frac{\partial v}{\partial y} + \frac{\partial w}{\partial z}
$$

再将弹性方程（7-1）代入平衡微分方程（6-1），并采用记号 $\nabla^2 = \frac{\partial^2}{\partial x^2} + \frac{\partial^2}{\partial y^2} + \frac{\partial^2}{\partial z^2}$，得到：

$$
\left.\begin{aligned}
\frac{E}{2(1+\mu)}\left(\frac{1}{1-2\mu}\frac{\partial \theta}{\partial x} + \nabla^2 u\right) + f_x &= 0\\
\frac{E}{2(1+\mu)}\left(\frac{1}{1-2\mu}\frac{\partial \theta}{\partial y} + \nabla^2 v\right) + f_y &= 0\\
\frac{E}{2(1+\mu)}\left(\frac{1}{1-2\mu}\frac{\partial \theta}{\partial z} + \nabla^2 w\right) + f_z &= 0
\end{aligned}\right\} \tag{7-2}
$$

式（7-2）是用位移分量表示的平衡微分方程，也就是按位移求解空间问题时所采用的基本微分方程。

如果将式（7-1）代入式（6-9），就可以得到用位移分量表示的应力边界条件，但由于这样得到的方程太长，因此，仍然把应力边界条件保留为式（6-9）的形式，而理解其中的应力分量是通过式（7-1）用位移分量表示的。位移边界条件则仍然如式（6-8）所示。

对于空间轴对称问题，也可以进行与上相同的推导，得到相应的微分方程。为此，首先将几何方程（6-11）代入物理方程（6-15），得到的弹性方程为：

$$\left.\begin{aligned}\sigma_\rho &= \frac{E}{1+\mu}\left(\frac{\mu}{1-2\mu}\theta + \frac{\partial u_\rho}{\partial \rho}\right), & \sigma_\varphi &= \frac{E}{1+\mu}\left(\frac{\mu}{1-2\mu}\theta + \frac{u_\rho}{\rho}\right)\\ \sigma_z &= \frac{E}{1+\mu}\left(\frac{\mu}{1-2\mu}\theta + \frac{\partial u_z}{\partial z}\right), & \tau_{z\rho} &= \frac{E}{2(1+\mu)}\left(\frac{\partial u_\rho}{\partial z} + \frac{\partial u_z}{\partial \rho}\right)\end{aligned}\right\} \tag{7-3}$$

式中，$\theta = \frac{\partial u_\rho}{\partial \rho} + \frac{u_\rho}{\rho} + \frac{\partial u_z}{\partial z}$。

再将式（7-3）代入平衡微分方程（6-10），并采用记号 $\nabla^2 = \frac{\partial^2}{\partial \rho^2} + \frac{1}{\rho}\frac{\partial}{\partial \rho} + \frac{\partial^2}{\partial z^2}$，得到：

$$\left.\begin{aligned}\frac{E}{2(1+\mu)}\left(\frac{1}{1-2\mu}\frac{\partial \theta}{\partial \rho} + \nabla^2 u_\rho - \frac{u_\rho}{\rho^2}\right) + f_\rho &= 0\\ \frac{E}{2(1+\mu)}\left(\frac{1}{1-2\mu}\frac{\partial \theta}{\partial z} + \nabla^2 u_z\right) + f_z &= 0\end{aligned}\right\} \tag{7-4}$$

这就是按位移求解空间轴对称问题时的基本微分方程。

此外，由于轴对称问题中的边界面多为坐标面，位移和应力边界条件都较简单，而应力边界条件同样可以通过式（7-3）用位移分量来表示。

【例 7-1】　当体力不计时，试证体应变和体积应力均为调和函数，位移分量为重调和函数，即它们满足下列方程：

$$\nabla^2\theta = 0, \qquad \nabla^2\Theta = 0, \qquad \nabla^4(u,v,w) = 0$$

【解】　①当体力不计时，平衡微分方程式（7-2）简化为：

$$\begin{cases}\frac{1}{1-2\mu}\frac{\partial \theta}{\partial x} + \nabla^2 u = 0\\ \frac{1}{1-2\mu}\frac{\partial \theta}{\partial y} + \nabla^2 v = 0\\ \frac{1}{1-2\mu}\frac{\partial \theta}{\partial z} + \nabla^2 w = 0\end{cases} \tag{a}$$

将式（a）中的三式分别对 x、y、z 求导，然后相加，得：

$$\frac{1}{1-2\mu}\nabla^2\theta + \nabla^2\theta = 0$$

即：

$$\left(\frac{1}{1-2\mu} + 1\right)\nabla^2\theta = 0 \tag{b}$$

由于 $\mu < \frac{1}{2}$，所以：

$$\nabla^2\theta = 0 \tag{c}$$

所以，体应变为调和函数。

②由式（6-6）知：

$$\theta = \frac{1-2\mu}{E}\Theta \tag{d}$$

再考虑式（c），可得：

$$\nabla^2\Theta = 0 \tag{e}$$

所以，体积应力也为调和函数。

③将式（a）中的各式分别进行拉普拉斯算子 ∇^2的计算，并考虑式（c），可得：

$$\nabla^4 u = 0, \qquad \nabla^4 v = 0, \qquad \nabla^4 w = 0 \tag{f}$$

即：

$$\nabla^4(u,v,w) = 0 \tag{g}$$

所以，位移分量为重调和函数。

7.2 直角坐标系中按位移求解空间问题举例

设有半空间体，密度为 ρ，在水平边界面上受均布压力 q，如图 7-1 所示，以边界面为 xy 面，z 轴铅直向下，体力分量为 $f_x=0$，$f_y=0$，$f_z=\rho g$。

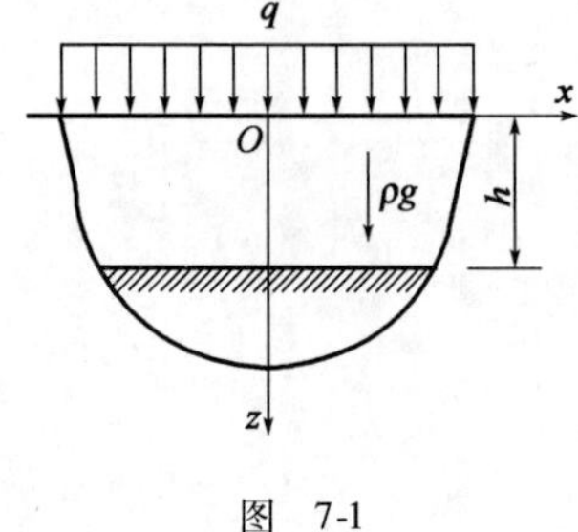

图 7-1

由于对称（任一铅直平面都是对称面），所以假设：

$$u = 0, \qquad v = 0, \qquad w = w(z) \tag{a}$$

这样就得到：

$$\theta = \frac{\partial u}{\partial x} + \frac{\partial v}{\partial y} + \frac{\partial w}{\partial z} = \frac{\mathrm{d}w}{\mathrm{d}z}, \qquad \frac{\partial \theta}{\partial x} = 0$$

$$\frac{\partial \theta}{\partial y} = 0, \qquad \frac{\partial \theta}{\partial z} = \frac{\mathrm{d}^2 w}{\mathrm{d}z^2}$$

可见基本微分方程（7-2）中的前两式自然满足，而第三式成为：

$$\frac{E}{2(1+\mu)}\left(\frac{1}{1-2\mu}\frac{\mathrm{d}^2 w}{\mathrm{d}z^2} + \frac{\mathrm{d}^2 w}{\mathrm{d}z^2}\right) + \rho g = 0$$

化简后得：

$$\frac{\mathrm{d}^2 w}{\mathrm{d}z^2} = -\frac{(1+\mu)(1-2\mu)\rho g}{E(1-\mu)} \tag{b}$$

积分后得：

$$\theta = \frac{\mathrm{d}w}{\mathrm{d}z} = -\frac{(1+\mu)(1-2\mu)\rho g}{E(1-\mu)}(z+A) \tag{c}$$

$$w = -\frac{(1+\mu)(1-2\mu)\rho g}{2E(1-\mu)}(z+A)^2 + B \tag{d}$$

式中，A 和 B 是待定常数，由边界条件来确定。

为了确定待定常数 A 和 B 的值，将以上所得的结果代入弹性方程（7-1），得：

$$\left.\begin{aligned} \sigma_x &= \sigma_y = -\frac{\mu}{1-\mu}\rho g(z+A) \\ \sigma_z &= -\rho g(z+A) \\ \tau_{yz} &= \tau_{zx} = \tau_{xy} = 0 \end{aligned}\right\} \tag{e}$$

在 $z=0$ 的边界面上，$l=m=0$，$n=-1$，$\bar{f}_x=\bar{f}_y=0$，$\bar{f}_z=q$，所以，应力边界条件（6-9）中的前两式自然满足，而第三式要求：

$$(-\sigma_z)_{z=0} = q$$

将式（e）中 σ_z 的表达式代入上式，得 $\rho gA=q$，即 $A=\frac{q}{\rho g}$。再代回式（e），即得应力分量的解答为：

$$\left.\begin{aligned} \sigma_x &= \sigma_y = -\frac{\mu}{1-\mu}(q+\rho gz) \\ \sigma_z &= -(q+\rho gz) \\ \tau_{yz} &= \tau_{zx} = \tau_{xy} = 0 \end{aligned}\right\} \tag{f}$$

并由式（d）得到铅直位移为：

$$w = -\frac{(1+\mu)(1-2\mu)\rho g}{2E(1-\mu)}\left(z+\frac{q}{\rho g}\right)^2 + B \tag{g}$$

为了确定常数 B，必须利用位移边界条件。假定半空间体在距边界为 h 处没有位移（图 7-1），则有位移边界条件：

$$(w)_{z=h} = 0$$

将式（g）代入，得：

$$B = \frac{(1+\mu)(1-2\mu)\rho g}{2E(1-\mu)}\left(h+\frac{q}{\rho g}\right)^2$$

再代回式（g），化简后得：

$$w = \frac{(1+\mu)(1-2\mu)}{E(1-\mu)}\left[q(h-z)+\frac{\rho g}{2}(h^2-z^2)\right] \tag{h}$$

至此，应力分量和位移分量都已经完全确定，并且所有条件都已经满足，可见式（a）所做的假设完全正确，而所得的应力和位移就是正确的解答。

显然，最大的位移发生在边界上，由式（h）可得：

$$w_{\max} = (w)_{z=0} = \frac{(1+\mu)(1-2\mu)}{E(1-\mu)}\left(qh + \frac{1}{2}\rho g h^2\right)$$

在式（f）中，σ_x 和 σ_y 是铅直截面上的水平正应力，σ_z 是水平截面上的铅直正应力，而它们的比值是：

$$\frac{\sigma_x}{\sigma_z} = \frac{\sigma_y}{\sigma_z} = \frac{\mu}{1-\mu} \tag{7-5}$$

这个比值在土力学中称为侧压力系数。

【例 7-2】 如图 7-2 所示，铁盒内放有与铁盒同样大小的橡皮块（体力不计），铁盖上作用有均布压力 q。若将铁盒、铁盖视为刚体，且橡皮块与铁盒、铁块之间无摩擦力，试求橡皮块内的应力、体应变和最大剪应力。

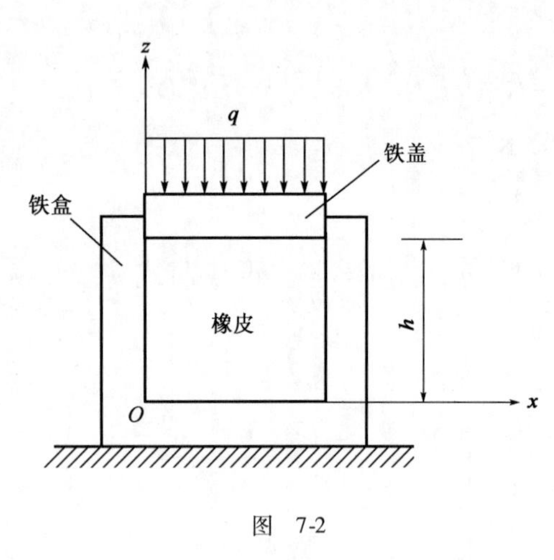

图 7-2

【解】 ①由已知条件可设：

$$u = 0,\quad v = 0,\quad w = w(z)$$

从而可得：

$$\theta = \frac{\mathrm{d}w}{\mathrm{d}z},\quad \frac{\partial\theta}{\partial x} = 0,\quad \frac{\partial\theta}{\partial y} = 0,\quad \frac{\partial\theta}{\partial z} = \frac{\mathrm{d}^2 w}{\mathrm{d}z^2}$$

②将以上各式代入式（7-2）可知，前两式自然满足，由第三式可得：

$$\frac{\mathrm{d}^2 w}{\mathrm{d}z^2} = 0$$

积分后得：

$$w = Az + B$$

③由位移边界条件确定常数 B。

由铁盒底部的约束条件，可知：

$$(w)_{z=0} = 0$$

从而解得：

$$B = 0$$

所以，位移分量为：

$$w = Az$$

④由上边界的应力边界条件确定常数 A。

将以上结果代入式（7-1），得：

$$\sigma_x = \frac{E}{1+\mu}\frac{\mu}{1-2\mu}A, \qquad \sigma_y = \frac{E}{1+\mu}\frac{\mu}{1-2\mu}A, \qquad \sigma_z = \frac{E}{1+\mu}\frac{\mu}{1-2\mu}A + A$$

$$\tau_{yz} = 0, \qquad \tau_{zx} = 0, \qquad \tau_{xy} = 0$$

在上边界有应力边界条件：

$$(\sigma_z)_{z=h} = -q$$

将 σ_z 的表达式代入上式，得：

$$A = -\frac{q(1+\mu)(1-2\mu)}{E(1-\mu)}$$

从而可得橡皮块内的应力分量为：

$$\sigma_x = \sigma_y = -\frac{\mu}{1-\mu}q, \qquad \sigma_z = -q, \qquad \tau_{xy} = \tau_{yz} = \tau_{zx} = 0$$

位移分量 w 的表达式为：

$$w = -\frac{q(1+\mu)(1-2\mu)}{E(1-\mu)}z$$

体应变为：

$$\theta = \frac{\mathrm{d}w}{\mathrm{d}z} = -\frac{q(1+\mu)(1-2\mu)}{E(1-\mu)}$$

由于 $0<\mu<1/2$，所以

$$\sigma_1 = \sigma_x, \qquad \sigma_3 = \sigma_z$$

从而可得最大剪应力为：

$$\tau_{\max} = \frac{1}{2}(\sigma_1 - \sigma_3) = \frac{1-2\mu}{2(1-\mu)}q$$

7.3　圆柱坐标系中按位移求解空间问题举例

设有半空间体，体力不计，在水平边界上受法向集中力 F 作用，如图 7-3 所示。

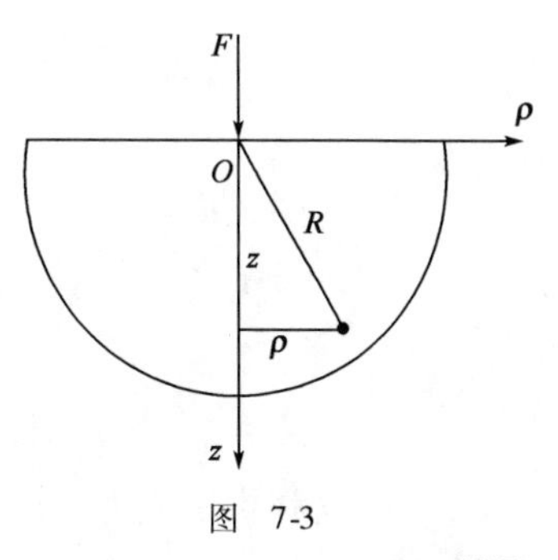

图　7-3

这是一个轴对称的空间问题，对称轴就是力 F 的作用线，因此，把 z 轴放在力 F 的作用线上，坐标原点取在力 F 的作用点。由于不计体力，所以，按位移求解时位移分量应当满足基本微分方程（7-4）的简化形式，即：

$$\left.\begin{aligned}\frac{1}{1-2\mu}\frac{\partial\theta}{\partial\rho}+\nabla^2 u_\rho-\frac{u_\rho}{\rho^2}=0\\ \frac{1}{1-2\mu}\frac{\partial\theta}{\partial z}+\nabla^2 u_z=0\end{aligned}\right\}\tag{a}$$

式中，$\theta=\frac{\partial u_\rho}{\partial\rho}+\frac{u_\rho}{\rho}+\frac{\partial u_z}{\partial z}$。

在 $z=0$ 的边界面上，除了原点 O 以外的应力边界条件为：

$$\left.\begin{aligned}(\sigma_z)_{z=0,\rho\neq0}=0\\ (\tau_{z\rho})_{z=0,\rho\neq0}=0\end{aligned}\right\}\tag{b}$$

此外，在 $z=0$ 边界面的原点 O 附近，可以看成是一个局部的小边界面，作用有面力分量，其合力为作用于 O 点的集中力 F，而合力矩为 0，应用圣维南原理，取出一个 $z=0$ 至 $z=z$ 的平板脱离体，然后考虑此平板脱离体的平衡条件：

$$\sum F_z=0,\qquad \int_0^\infty(\sigma_z)_{z=z}2\pi\rho\mathrm{d}\rho+F=0\tag{c}$$

由于轴对称，平板脱离体其余的平衡条件均自然满足。

布西内斯克求解出了满足上述一切条件的解答，即布西内斯克解答，为：

$$\left.\begin{aligned}u_\rho&=\frac{(1+\mu)F}{2\pi ER}\left[\frac{\rho z}{R^2}-\frac{(1-2\mu)\rho}{R+z}\right]\\ u_z&=\frac{(1+\mu)F}{2\pi ER}\left[2(1-\mu)+\frac{z^2}{R^2}\right]\end{aligned}\right\}\tag{7-6}$$

$$\left.\begin{aligned}\sigma_\rho&=\frac{F}{2\pi R^2}\left[\frac{(1-2\mu)R}{R+z}-\frac{3\rho^2 z}{R^3}\right]\\ \sigma_\varphi&=\frac{(1-2\mu)F}{2\pi R^2}\left(\frac{z}{R}-\frac{R}{R+z}\right)\\ \sigma_z&=-\frac{3Fz^3}{2\pi R^5}\\ \tau_{z\rho}&=\tau_{\rho z}=-\frac{3F\rho z^2}{2\pi R^5}\end{aligned}\right\}\tag{7-7}$$

式中，$R=(\rho^2+z^2)^{1/2}$，如图 7-3 所示。

由式（7-6）中的第二式可见，水平边界上任一点的沉陷为：

$$\eta=(u_z)_{z=0}=\frac{F(1-\mu^2)}{\pi E\rho}\tag{7-8}$$

它和距集中力作用点的距离 ρ 成反比。

【例 7-3】　设半空间体地基上作用有正方形分布的均布荷载 p，正方形的边长为 l，如图 7-4 所示，试求：

①承载面积中心点 O 下方深度为 z 处的应力 σ_{zo}；

②角点 C 下方深度为 z 处的应力 σ_{zc}。

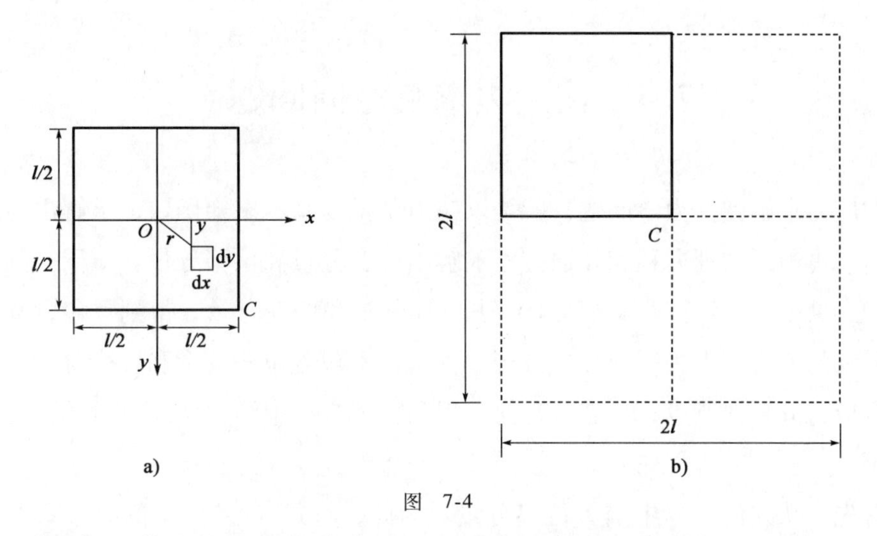

图　7-4

【解】　①在均匀荷载分布的正方形范围内取一微小的矩形单元，则作用在该微小单元上的合力 $p\mathrm{d}x\mathrm{d}y$ 可视为集中力，由式（7-7）中的第三式可得，在该集中力作用下，中心点 O 下方深度为 z 处的应力为：

$$\sigma_{zo} = -\frac{3p\mathrm{d}x\mathrm{d}yz^3}{2\pi(x^2+y^2+z^2)^{5/2}}$$

在整个正方形均布的荷载作用下，该点的应力为：

$$\sigma_{zo} = -\frac{3pz^3}{2\pi}\int_{-l/2}^{l/2}\int_{-l/2}^{l/2}\frac{\mathrm{d}x\mathrm{d}y}{(x^2+y^2+z^2)^{5/2}}$$

$$= -\frac{2p}{\pi}\left[\arctan\frac{l^2}{2z\sqrt{l^2+l^2+4z^2}}+\frac{2zl^2(l^2+l^2+8z^2)}{(l^2+4z^2)(l^2+4z^2)\sqrt{l^2+l^2+4z^2}}\right]$$

②为求角点 C 下方深度为 z 处的应力 σ_{zc}，可将正方形均布的荷载 p 的面积扩大 4 倍，如图 7-4b）中的虚线所示，这样点 C 就变成了新正方形的中心点。由对称性可知，当 p 值不变时，按原正方形面积均布的荷载所产生的应力应为按新正方形均布的荷载所产生的应力的 $\frac{1}{4}$，因此，角点 C 下方深度为 z 处的应力为：

$$\sigma_{zc} = -\frac{1}{4}\frac{2p}{\pi}\left\{\arctan\frac{(2l)^2}{2z\sqrt{(2l)^2+(2l)^2+4z^2}}+\right.$$

$$\left.\frac{2z(2l)^2[(2l)^2+(2l)^2+8z^2]}{[(2l)^2+4z^2][(2l)^2+4z^2]\sqrt{(2l)^2+(2l)^2+4z^2}}\right\}$$

7.4 按应力求解空间问题

按应力求解弹性力学问题，就是以应力分量为基本未知函数，求解出应力分量后，再通过物理方程和几何方程求解出应变分量和位移分量。对于空间问题来说，就要从15个基本方程中消去位移分量和应变分量，得到只包含6个应力分量的方程。因为平衡微分方程中本来就不包含位移分量和应变分量，而只包含应力分量，所以，只需从几何方程和物理方程中消去位移分量和应变分量即可。

首先，从几何方程中消去位移分量。为此，将式（6-2）中的第二式左边对 z 取二阶导数与第三式左边对 y 取二阶导数相加，得：

$$\frac{\partial^2\varepsilon_y}{\partial z^2}+\frac{\partial^2\varepsilon_z}{\partial y^2}=\frac{\partial^3 v}{\partial y\partial z^2}+\frac{\partial^3 w}{\partial z\partial y^2}=\frac{\partial^2}{\partial y\partial z}\left(\frac{\partial v}{\partial z}+\frac{\partial w}{\partial y}\right) \tag{a}$$

由式（6-2）中的第四式可见，式（a）右边括弧内的表达式就是 γ_{yz}，于是从式（a）及其他两个相似的方程可得：

$$\left.\begin{aligned}\frac{\partial^2\varepsilon_y}{\partial z^2}+\frac{\partial^2\varepsilon_z}{\partial y^2}&=\frac{\partial^2\gamma_{yz}}{\partial y\partial z}\\ \frac{\partial^2\varepsilon_z}{\partial x^2}+\frac{\partial^2\varepsilon_x}{\partial z^2}&=\frac{\partial^2\gamma_{zx}}{\partial z\partial x}\\ \frac{\partial^2\varepsilon_x}{\partial y^2}+\frac{\partial^2\varepsilon_y}{\partial x^2}&=\frac{\partial^2\gamma_{xy}}{\partial x\partial y}\end{aligned}\right\} \tag{7-9}$$

这是表示形变协调条件的一组方程，也就是一组相容方程。

将式（6-2）中的后三式分别对 x、y、z 求导，得：

$$\frac{\partial\gamma_{yz}}{\partial x}=\frac{\partial^2 w}{\partial y\partial x}+\frac{\partial^2 v}{\partial z\partial x}$$

$$\frac{\partial\gamma_{zx}}{\partial y}=\frac{\partial^2 u}{\partial z\partial y}+\frac{\partial^2 w}{\partial x\partial y}$$

$$\frac{\partial \gamma_{xy}}{\partial z} = \frac{\partial^2 v}{\partial x \partial z} + \frac{\partial^2 u}{\partial y \partial z}$$

并由此可得：

$$\frac{\partial}{\partial x}\left(-\frac{\partial \gamma_{yz}}{\partial x} + \frac{\partial \gamma_{zx}}{\partial y} + \frac{\partial \gamma_{xy}}{\partial z}\right) = \frac{\partial}{\partial x}\left(2\frac{\partial^2 u}{\partial y \partial z}\right) = 2\frac{\partial^2}{\partial y \partial z}\left(\frac{\partial u}{\partial x}\right) \tag{b}$$

由式（6-2）中的第一式可见，式（b）右边括弧内的表达式就是 ε_x，于是从式（b）和其余两个相似的方程可得：

$$\left.\begin{aligned}
\frac{\partial}{\partial x}\left(-\frac{\partial \gamma_{yz}}{\partial x} + \frac{\partial \gamma_{zx}}{\partial y} + \frac{\partial \gamma_{xy}}{\partial z}\right) &= 2\frac{\partial^2 \varepsilon_x}{\partial y \partial z} \\
\frac{\partial}{\partial y}\left(-\frac{\partial \gamma_{zx}}{\partial y} + \frac{\partial \gamma_{xy}}{\partial z} + \frac{\partial \gamma_{yz}}{\partial x}\right) &= 2\frac{\partial^2 \varepsilon_y}{\partial z \partial x} \\
\frac{\partial}{\partial z}\left(-\frac{\partial \gamma_{xy}}{\partial z} + \frac{\partial \gamma_{yz}}{\partial x} + \frac{\partial \gamma_{zx}}{\partial y}\right) &= 2\frac{\partial^2 \varepsilon_z}{\partial x \partial y}
\end{aligned}\right\} \tag{7-10}$$

这是又一组相容方程。

通过与以上相似的微分步骤，可以导出无数多的相容方程，且它们都是应变分量所应当满足的方程。但是，可以证明，如果 6 个应变分量满足了相容方程（7-9）和（7-10），那么，就可以保证位移分量的存在，也就可以用几何方程（6-2）求得位移分量。

将物理方程（6-3）代入相容方程式（7-9）和式（7-10），整理以后，就得到用应力分量表示的相容方程为：

$$\left.\begin{aligned}
(1+\mu)\left(\frac{\partial^2 \sigma_y}{\partial z^2} + \frac{\partial^2 \sigma_z}{\partial y^2}\right) - \mu\left(\frac{\partial^2 \Theta}{\partial z^2} + \frac{\partial^2 \Theta}{\partial y^2}\right) &= 2(1+\mu)\frac{\partial^2 \tau_{yz}}{\partial y \partial z} \\
(1+\mu)\left(\frac{\partial^2 \sigma_z}{\partial x^2} + \frac{\partial^2 \sigma_x}{\partial z^2}\right) - \mu\left(\frac{\partial^2 \Theta}{\partial x^2} + \frac{\partial^2 \Theta}{\partial z^2}\right) &= 2(1+\mu)\frac{\partial^2 \tau_{zx}}{\partial z \partial x} \\
(1+\mu)\left(\frac{\partial^2 \sigma_x}{\partial y^2} + \frac{\partial^2 \sigma_y}{\partial x^2}\right) - \mu\left(\frac{\partial^2 \Theta}{\partial y^2} + \frac{\partial^2 \Theta}{\partial x^2}\right) &= 2(1+\mu)\frac{\partial^2 \tau_{xy}}{\partial x \partial y}
\end{aligned}\right\} \tag{c}$$

$$\left.\begin{aligned}
(1+\mu)\frac{\partial}{\partial x}\left(-\frac{\partial \tau_{yz}}{\partial x} + \frac{\partial \tau_{zx}}{\partial y} + \frac{\partial \tau_{xy}}{\partial z}\right) &= \frac{\partial^2}{\partial y \partial z}[(1+\mu)\sigma_x - \mu\Theta] \\
(1+\mu)\frac{\partial}{\partial y}\left(-\frac{\partial \tau_{zx}}{\partial y} + \frac{\partial \tau_{xy}}{\partial z} + \frac{\partial \tau_{yz}}{\partial x}\right) &= \frac{\partial^2}{\partial z \partial x}[(1+\mu)\sigma_y - \mu\Theta] \\
(1+\mu)\frac{\partial}{\partial z}\left(-\frac{\partial \tau_{xy}}{\partial z} + \frac{\partial \tau_{yz}}{\partial x} + \frac{\partial \tau_{zx}}{\partial y}\right) &= \frac{\partial^2}{\partial x \partial y}[(1+\mu)\sigma_z - \mu\Theta]
\end{aligned}\right\} \tag{d}$$

利用平衡微分方程（6-1），可以简化上列各式，使每一式中只包含体积应力和一个应力分量。当然，体力分量将在所有各式中出现。这样就得到米歇尔所导出的相容方程，即米歇尔相容方程，为：

$$\left.\begin{aligned}
&(1+\mu)\nabla^2\sigma_x+\frac{\partial^2\Theta}{\partial x^2}=-\frac{1+\mu}{1-\mu}\left[(2-\mu)\frac{\partial f_x}{\partial x}+\mu\frac{\partial f_y}{\partial y}+\mu\frac{\partial f_z}{\partial z}\right]\\
&(1+\mu)\nabla^2\sigma_y+\frac{\partial^2\Theta}{\partial y^2}=-\frac{1+\mu}{1-\mu}\left[(2-\mu)\frac{\partial f_y}{\partial y}+\mu\frac{\partial f_z}{\partial z}+\mu\frac{\partial f_x}{\partial x}\right]\\
&(1+\mu)\nabla^2\sigma_z+\frac{\partial^2\Theta}{\partial z^2}=-\frac{1+\mu}{1-\mu}\left[(2-\mu)\frac{\partial f_z}{\partial z}+\mu\frac{\partial f_x}{\partial x}+\mu\frac{\partial f_y}{\partial y}\right]\\
&(1+\mu)\nabla^2\tau_{yz}+\frac{\partial^2\Theta}{\partial y\partial z}=-(1+\mu)\left(\frac{\partial f_z}{\partial y}+\frac{\partial f_y}{\partial z}\right)\\
&(1+\mu)\nabla^2\tau_{zx}+\frac{\partial^2\Theta}{\partial z\partial x}=-(1+\mu)\left(\frac{\partial f_x}{\partial z}+\frac{\partial f_z}{\partial x}\right)\\
&(1+\mu)\nabla^2\tau_{xy}+\frac{\partial^2\Theta}{\partial x\partial y}=-(1+\mu)\left(\frac{\partial f_y}{\partial x}+\frac{\partial f_x}{\partial y}\right)
\end{aligned}\right\}\tag{7-11}$$

在体力为零或为常量的情况下，方程式（7-11）简化为贝尔特拉米所导出的相容方程，即贝尔特拉米相容方程，为：

$$\left.\begin{aligned}
&(1+\mu)\nabla^2\sigma_x+\frac{\partial^2\Theta}{\partial x^2}=0\\
&(1+\mu)\nabla^2\sigma_y+\frac{\partial^2\Theta}{\partial y^2}=0\\
&(1+\mu)\nabla^2\sigma_z+\frac{\partial^2\Theta}{\partial z^2}=0\\
&(1+\mu)\nabla^2\tau_{yz}+\frac{\partial^2\Theta}{\partial y\partial z}=0\\
&(1+\mu)\nabla^2\tau_{zx}+\frac{\partial^2\Theta}{\partial z\partial x}=0\\
&(1+\mu)\nabla^2\tau_{xy}+\frac{\partial^2\Theta}{\partial x\partial y}=0
\end{aligned}\right\}\tag{7-12}$$

按应力求解空间问题时，需要使 6 个应力分量在弹性体区域内满足平衡微分方程（6-1），满足相容方程（7-11）或者（7-12），并在边界上满足应力边界条件（6-9）。

由于位移边界条件难以用应力分量及其积分式来表示，因此，位移边界问题和混合边界问题一般都不能按应力求解而得出精确的函数式解答。

此外，按应力求解多连体问题时，仍然应考虑位移的单值条件。

【例 7-4】　一横截面为矩形的等直杆，其横截面的宽度为 a，长度为 b，杆件长度为 l，坐标轴如图 7-5 所示，已知应力分量 $\sigma_x = \sigma_y = \tau_{yz} = \tau_{zx} = \tau_{xy} = 0$。在杆的两端作用有 z 方向的分布荷载，荷载的集度为 $p(x, y) = p_0\left(\frac{x}{2a} + \frac{y}{2b}\right)$，体力不计，试求 $\sigma_z = f(x, y)$ 的表达式。

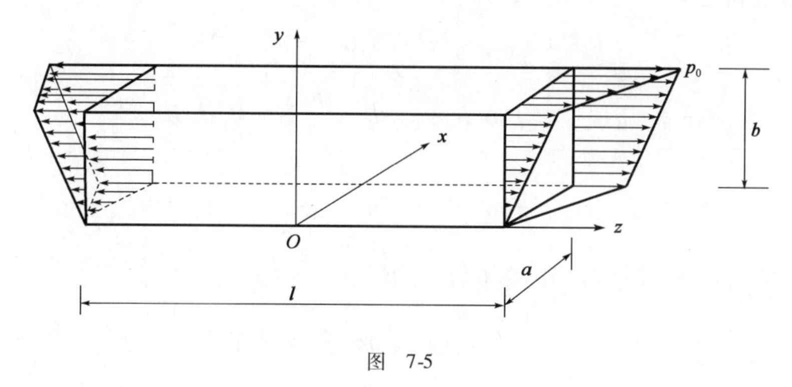

图　7-5

【解】　①按应力求解空间问题时，6 个应力分量在弹性体区域内应当满足平衡微分方程式（6-1）。

将应力分量 $\sigma_x = \sigma_y = \tau_{yz} = \tau_{zx} = \tau_{xy} = 0$ 和 $\sigma_z = f(x, y)$ 代入式（6-1）可知，应力分量显然满足平衡微分方程。

②应力分量还要满足相容方程式（7-12）。

由已知条件可知，体积应力 $\Theta = \sigma_z = f(x, y)$，将应力分量分别代入相容方程式（7-12）中的前三式可得：

$$\frac{\partial^2 \sigma_z}{\partial x^2} = \frac{\partial^2 f(x,y)}{\partial x^2} = 0 \tag{a}$$

$$\frac{\partial^2 \sigma_z}{\partial y^2} = \frac{\partial^2 f(x,y)}{\partial y^2} = 0 \tag{b}$$

$$\frac{\partial^2 \sigma_z}{\partial z^2} = \frac{\partial^2 f(x,y)}{\partial z^2} = 0 \tag{c}$$

由式（a）、式（b）和式（c）可知，σ_z 的表达式应为线性函数，因此，可设为：

$$\sigma_z = f(x,y) = Ax + By + C \tag{d}$$

③利用应力边界条件确定待定系数 A、B、C。

在矩形截面等直杆的上、下两个边界面（$y=0$，b）上有应力边界条件：

$$(\sigma_y)_{y=0,b}=0,\quad (\tau_{yx})_{y=0,b}=0,\quad (\tau_{yz})_{y=0,b}=0$$

在矩形截面等直杆的前、后两个边界面（$x=0$，a）上有应力边界条件：

$$(\sigma_x)_{x=0,a}=0,\quad (\tau_{xy})_{x=0,a}=0,\quad (\tau_{xz})_{x=0,a}=0$$

可见应力分量精确的满足以上 4 个边界上的所有应力边界条件。

在矩形截面等直杆的左、右两个边界面（$z=-l/2$，$l/2$）上，应力分量也必须精确地满足应力边界条件，即：

$$(\sigma_z)_{x=0,y=0}=f(0,0)=C=0 \tag{e}$$

$$(\sigma_z)_{x=0,y=b}=f(0,b)=Bb=\frac{p_0}{2},\quad 得 B=\frac{p_0}{2b} \tag{f}$$

$$(\sigma_z)_{x=a,y=0}=f(a,0)=Aa=\frac{p_0}{2},\quad 得 A=\frac{p_0}{2a} \tag{g}$$

综合式（e）、式（f）和式（g）可得：

$$\sigma_z=f(x,y)=p_0\left(\frac{x}{2a}+\frac{y}{2b}\right)$$

7.5 等截面直杆的扭转

设有等截面直杆，体力可以不计，在两端平面内受有转向相反的两个力偶，每个力偶的矩为 M。取杆的上端平面为 xy 面，z 轴铅直向下，如图 7-6 所示。

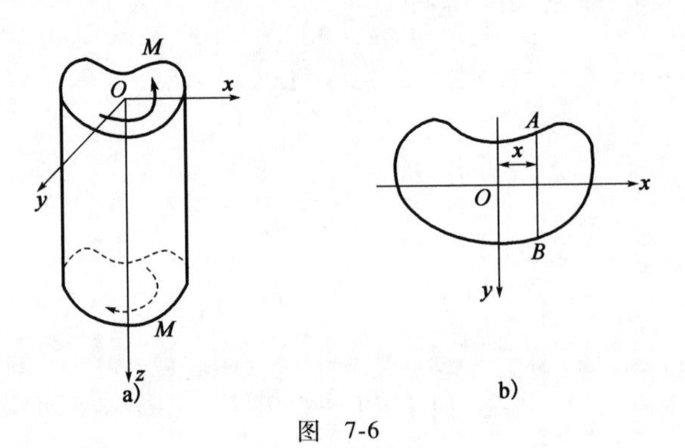

图 7-6

扭转问题是空间问题的一个典型例子，本节应用按应力求解空间问题的方法，并采用半逆解法进行求解。

（1）分析应力分量。

根据材料力学中圆形截面杆的解答，假设除了横截面上的切应力以外，其他应力分量都等于零，即：

$$\sigma_x = \sigma_y = \sigma_z = \tau_{xy} = 0 \tag{7-13}$$

将上式代入平衡微分方程（6-1），并注意体力$f_x = f_y = f_z = 0$，即得：

$$\frac{\partial \tau_{zx}}{\partial z} = 0, \qquad \frac{\partial \tau_{zy}}{\partial z} = 0, \qquad \frac{\partial \tau_{xz}}{\partial x} + \frac{\partial \tau_{yz}}{\partial y} = 0 \tag{a}$$

由式（a）中的前两个方程可知，τ_{zx}和τ_{zy}应当只是x和y的函数，不随z而变。

第三个方程可以写成：

$$\frac{\partial}{\partial x}(\tau_{xz}) = \frac{\partial}{\partial y}(-\tau_{yz})$$

根据微分方程理论，偏导数具有相容性，因此，一定存在一个函数$\Phi(x, y)$，使得：

$$\tau_{xz} = \frac{\partial \Phi}{\partial y}, \qquad -\tau_{yz} = \frac{\partial \Phi}{\partial x}$$

由此得出用应力函数Φ表示应力分量的表达式：

$$\tau_{zx} = \tau_{xz} = \frac{\partial \Phi}{\partial y}, \qquad \tau_{yz} = \tau_{zy} = -\frac{\partial \Phi}{\partial x} \tag{7-14}$$

（2）验证应力函数。

考虑应力分量应当满足相容方程，将式（7-13）代入相容方程式（7-12），可知其中的前三式及最后一式总能满足，而其余两式成为：

$$\nabla^2 \tau_{yz} = 0, \qquad \nabla^2 \tau_{zx} = 0$$

将式（7-13）代入，得：

$$\frac{\partial}{\partial x}\nabla^2 \Phi = 0, \qquad \frac{\partial}{\partial y}\nabla^2 \Phi = 0$$

这就是说，$\nabla^2 \Phi$应当是常量，即：

$$\nabla^2 \Phi = C \tag{7-15}$$

式中，C为待定常数。

（3）分析应力边界条件。

①在杆的侧面，$n=0$，面力$\bar{f}_x = \bar{f}_y = \bar{f}_z = 0$，可见应力边界条件（6-9）中的前两式总能满足，而第三式成为：

$$l(\tau_{xz})_s + m(\tau_{yz})_s = 0$$

将表达式（7-14）代入可得：

$$l\left(\frac{\partial \Phi}{\partial y}\right)_s - m\left(\frac{\partial \Phi}{\partial x}\right)_s = 0$$

因为在边界上有 $l = \frac{\mathrm{d}y}{\mathrm{d}s}$，$m = -\frac{\mathrm{d}x}{\mathrm{d}s}$，所以由上式可得：

$$\left(\frac{\partial \Phi}{\partial y}\right)_s \frac{\mathrm{d}y}{\mathrm{d}s} + \left(\frac{\partial \Phi}{\partial x}\right)_s \frac{\mathrm{d}x}{\mathrm{d}s} = \frac{\mathrm{d}\Phi}{\mathrm{d}s} = 0$$

这就是说，在杆的侧面上，应力函数 Φ 所取的边界值 Φ_s 应当是常量。

由式（7-14）可知，当应力函数 Φ 增加或减少一个常数时，应力分量并不受影响，因此，在单连截面的情况下，即实心杆的情况下，为了简便，应力函数 Φ 的边界值可以取为零，即：

$$\Phi_s = 0 \tag{7-16}$$

在多连截面（空心杆）的情况下，虽然应力函数 Φ 在每一个边界上都是常数，但各个常数一般并不相同，因此，只能把其中一个边界上的 Φ_s 取为零。

②在杆的任一端，例如 $z=0$ 的上端，$l=m=0$，$n=-1$，应力边界条件(6-9)中的第三式总能满足，而前两式成为：

$$-(\tau_{zx})_{z=0} = \bar{f}_x, \qquad -(\tau_{zy})_{z=0} = \bar{f}_y \tag{b}$$

由于 $z=0$ 的边界面上的面力分量 $\bar{f}_x$ 和 $\bar{f}_y$ 并不知道，只知其主矢量为 0 而主矩为扭矩 M，因此，式（b）的应力边界条件无法精确满足。由于 $z=0$ 的边界面是次要边界，因此，可应用圣维南原理，将式（b）的边界条件改用主矢量、主矩的条件来代替，即：

$$-\iint_A (\tau_{zx})_{z=0}\mathrm{d}x\mathrm{d}y = \iint_A \bar{f}_x \mathrm{d}x\mathrm{d}y = 0 \tag{c}$$

$$-\iint_A (\tau_{zy})_{z=0}\mathrm{d}x\mathrm{d}y = \iint_A \bar{f}_y \mathrm{d}x\mathrm{d}y = 0 \tag{d}$$

$$-\iint_A (y\tau_{zx} - x\tau_{zy})_{z=0}\mathrm{d}x\mathrm{d}y = \iint_A (y\bar{f}_x - x\bar{f}_y)\mathrm{d}x\mathrm{d}y = M \tag{e}$$

式中，A 为上端面的面积。显然，在等截面直杆中，式（c）、式（d）和式（e）在 z 为任意值的横截面上都应当满足。

根据式（7-14），式（c）左边的积分式可以写成：

$$-\iint_A \tau_{zx}\mathrm{d}x\mathrm{d}y = -\iint_A \frac{\partial \Phi}{\partial y}\mathrm{d}x\mathrm{d}y = -\int \mathrm{d}x \int \frac{\partial \Phi}{\partial y}\mathrm{d}y = -\int_s (\Phi_B - \Phi_A)\mathrm{d}x$$

式中，Φ_B 和 Φ_A 是截面边界上 B 点与 A 点的 Φ 值，应当等于零，如图 7-6b)

所示，可见式（c）是满足的。同样可知，式（d）也是满足的。

根据式（7-14），式（e）左边的积分式可以写成：

$$-\iint_A (y\tau_{zx} - x\tau_{zy})\mathrm{d}x\mathrm{d}y = -\iint_A \left(y\frac{\partial \Phi}{\partial y} + x\frac{\partial \Phi}{\partial x}\right)\mathrm{d}x\mathrm{d}y$$

$$= -\int \mathrm{d}x\int y\frac{\partial \Phi}{\partial y}\mathrm{d}y - \int \mathrm{d}y\int x\frac{\partial \Phi}{\partial x}\mathrm{d}x$$

进行分部积分可见：

$$-\int \mathrm{d}x\int y\frac{\partial \Phi}{\partial y}\mathrm{d}y = -\int \mathrm{d}x\int\left[\frac{\partial}{\partial y}(y\Phi) - \Phi\right]\mathrm{d}y$$

$$= -\int \mathrm{d}x\left[(y_B\Phi_B - y_A\Phi_A) - \int \Phi\mathrm{d}y\right] = \iint_A \Phi\mathrm{d}x\mathrm{d}y$$

因为 $\Phi_B = \Phi_A = 0$。同样可见：

$$-\int \mathrm{d}y\int x\frac{\partial \Phi}{\partial x}\mathrm{d}x = \iint_A \Phi\mathrm{d}x\mathrm{d}y$$

于是式（e）成为：

$$2\iint_A \Phi\mathrm{d}x\mathrm{d}y = M \tag{7-17}$$

总结起来，为了求得扭转问题的应力，只需求出应力函数 Φ，使它能满足方程式（7-15）至式（7-17），然后再由式（7-14）求出应力分量。

（4）求解位移分量。

将应力分量式（7-13）和式（7-14）代入物理方程（6-3），得：

$$\varepsilon_x = 0,\qquad \varepsilon_y = 0,\qquad \varepsilon_z = 0$$

$$\gamma_{yz} = -\frac{1}{G}\frac{\partial \Phi}{\partial x},\qquad \gamma_{zx} = \frac{1}{G}\frac{\partial \Phi}{\partial y},\qquad \gamma_{xy} = 0$$

再将以上这些表达式代入几何方程（6-2），得：

$$\left.\begin{aligned}
&\frac{\partial u}{\partial x} = 0,\qquad \frac{\partial v}{\partial y} = 0,\qquad \frac{\partial w}{\partial z} = 0\\
&\frac{\partial w}{\partial y} + \frac{\partial v}{\partial z} = -\frac{1}{G}\frac{\partial \Phi}{\partial x}\\
&\frac{\partial u}{\partial z} + \frac{\partial w}{\partial x} = \frac{1}{G}\frac{\partial \Phi}{\partial y}\\
&\frac{\partial v}{\partial x} + \frac{\partial u}{\partial y} = 0
\end{aligned}\right\} \tag{f}$$

通过积分运算，可由式（f）中的第一式、第二式和第六式求得：

$$u = u_0 + \omega_y z - \omega_z y - Kyz$$

$$v = v_0 + \omega_z x - \omega_x z + Kxz$$

式中，u_0、v_0、ω_x、ω_y、ω_z 为积分常数，表示刚体位移，K 也是积分常数。

如果不计刚体位移，只保留与形变有关的位移，则：

$$u = -Kyz, \qquad v = Kxz \tag{7-18}$$

用圆柱坐标表示，则为：

$$u_\rho = 0, \qquad u_\varphi = K\rho z$$

由上式可知，每个横截面在 xy 面上的投影不改变形状，而只是转动了一个角度 $\alpha = Kz$。由此又可见，杆单位长度内的扭角是$\frac{\mathrm{d}\alpha}{\mathrm{d}z} = K$。

将式（7-18）代入式（f）中的第五式和第四式，得：

$$\frac{\partial w}{\partial x} = \frac{1}{G}\frac{\partial \Phi}{\partial y} + Ky, \qquad \frac{\partial w}{\partial y} = -\frac{1}{G}\frac{\partial \Phi}{\partial x} - Kx \tag{7-19}$$

式（7-19）可以用来求得位移分量 w。

将式（7-19）中的两式分别对 y 和 x 求导，然后相减，移项以后可得：

$$\nabla^2 \Phi = -2GK \tag{7-20}$$

对比式（7-15）和式（7-20）可得：

$$C = -2GK \tag{7-21}$$

7.6 扭转问题的薄膜比拟

当扭杆的横截面比较规则时，如圆形、椭圆形、三角形等简单的几何图形，其边界形状可用 x、y 的二次式或特殊的三次多项式函数表示，此时用普朗特应力函数求解比较方便。对于横截面形状不规则的直杆扭转问题，由于难以找到合适的应力函数，直接求解往往比较困难或者不可能进行求解，这时可借助薄膜比拟法进行求解。

比拟法是求解数学物理问题的一种很有用的方法。所谓薄膜比拟，就是利用薄膜在单侧受到均匀压力作用时其上任意一点的挠度和斜率分别与扭转问题的应力函数和切应力具有数学上的相似性，亦即两者的数学方程在形式上完全相同，通过建立比拟条件，由薄膜的挠度和斜率等直观几何量来推求扭杆的切应力等物理量。

设有一块均匀薄膜，张在一个水平边界上，水平边界的形状与某一扭杆的横截面边界形状相同，如图 7-7 所示。当薄膜承受微小的气体压力时，薄膜的各点将发生微小的垂度。以边界所在的水平面为 xy 面，薄膜的垂度为 z。由于薄膜的柔顺性，可以假定它不承受弯矩、扭矩、剪力和压力，而只承受均匀的拉力 F_T（类似液膜的表面张力）。

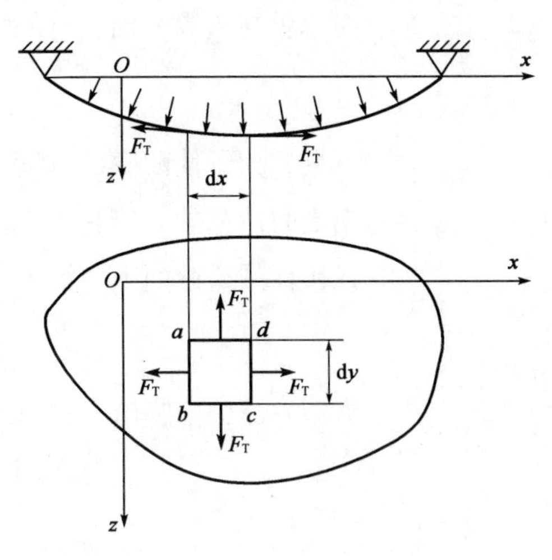

图　7-7

从薄膜取一个微小的单元 $abcd$，它在 xy 面上的投影是一个矩形，而矩形的边长是 dx 和 dy。在 ab 边上的拉力是 $F_T dy$（F_T 是薄膜每单位宽度上的拉力），它在 z 轴上的投影是 $-F_T dy\dfrac{\partial z}{\partial x}$；在 cd 边上的拉力也是 $F_T dy$，但它在 z 轴上

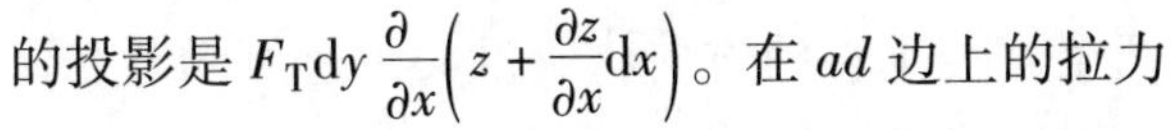

的投影是 $F_T dy\dfrac{\partial}{\partial x}\left(z+\dfrac{\partial z}{\partial x}dx\right)$。在 ad 边上的拉力是 $F_T dx$，它在 z 轴上的投影是 $-F_T dx\dfrac{\partial z}{\partial y}$；在 bc 边上的拉力也是 $F_T dx$，但它在 z 轴上的投影是 $F_T dx\dfrac{\partial}{\partial y}\left(z+\dfrac{\partial z}{\partial y}dy\right)$。单元 $abcd$ 所受的压力是 $q dx dy$。于是由平衡条件 $\sum F_z=0$ 得：

$$-F_T dy\frac{\partial z}{\partial x}+F_T dy\frac{\partial}{\partial x}(z+\frac{\partial z}{\partial x}dx)-F_T dx\frac{\partial z}{\partial y}+F_T dx\frac{\partial}{\partial y}\left(z+\frac{\partial z}{\partial y}dy\right)+q dx dy=0$$

化简以后，除以 $dxdy$，得：

$$F_T\left(\frac{\partial^2 z}{\partial x^2}+\frac{\partial^2 z}{\partial y^2}\right)+q=0$$

即：

$$\nabla^2 z=-\frac{q}{F_T} \tag{7-22}$$

此外，薄膜在边界上的垂度显然等于零，即：

$$z_s=0 \tag{7-23}$$

将薄膜垂度 z 的微分方程（7-22）与扭杆应力函数 Φ 的微分方程（7-20）进行对比，并将 z 的边界条件（7-23）与扭杆应力函数 Φ 的边界条件（7-16）进行对比，显然可得，如果使薄膜的 q/F_T 相当于扭杆的 $2GK$，薄膜的垂度 z 就相当于扭杆的应力函数 Φ。

由于扭杆横截面上的扭矩为：

$$M = 2\iint_A \Phi \mathrm{d}x\mathrm{d}y$$

而薄膜与边界平面（xy 面）之间体积的 2 倍是：

$$2V = 2\iint_A z\mathrm{d}x\mathrm{d}y$$

可见，为了使薄膜的垂度 z 相当于扭杆的应力函数 Φ，也可以使薄膜与边界平面之间体积的 2 倍相当于扭矩。

在扭杆的横截面上，沿 x 方向的切应力为：

$$\tau_{zx} = \frac{\partial \Phi}{\partial y}$$

另一方面，薄膜沿 y 方向的斜率为：

$$i_y = \frac{\partial z}{\partial y}$$

于是可知，扭杆横截面上沿 x 方向的切应力相当于薄膜沿 y 方向的斜率。但是，x 轴和 y 轴可以取在任意两个互相垂直的方向，所以又由此可知，在扭杆横截面上某一点的、沿任一方向的切应力就等于薄膜在对应点的、沿垂直方向的斜率。

为了决定扭杆横截面上的最大切应力，只需求出对应薄膜的最大斜率。但须注意，虽然最大切应力的所在点是和最大斜率的所在点相对应，但是，最大切应力的方向是和最大斜率的方向互相垂直的。

7.7 椭圆截面杆的扭转

设有等截面直杆，它的横截面具有一个椭圆边界，椭圆的半轴是 a 和 b，如图 7-8 所示。

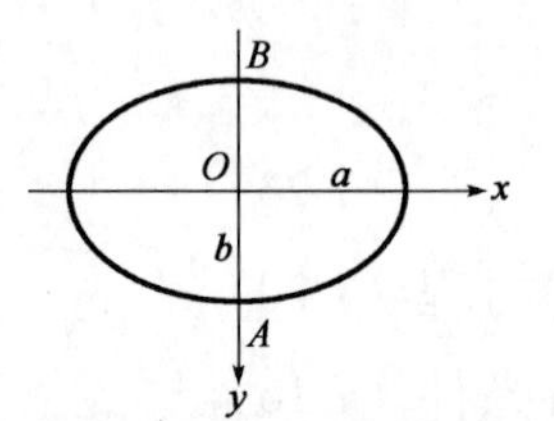

图 7-8

因为椭圆的方程可以写成：

$$\frac{x^2}{a^2} + \frac{y^2}{b^2} - 1 = 0 \tag{a}$$

而应力函数 Φ 在横截面的边界上应当等于零，所以，可以假设应力函数为：

$$\Phi = m\left(\frac{x^2}{a^2} + \frac{y^2}{b^2} - 1\right) \tag{b}$$

式中，m 是一个常数。

下面对式（b）所给出的应力函数进行分析，看它是否可以满足一切条件。

（1）将式（b）代入微分方程（7-15），得：

$$\frac{2m}{a^2}+\frac{2m}{b^2}=C$$

解出 m，得：

$$m=\frac{C}{\frac{2}{a^2}+\frac{2}{b^2}}=\frac{a^2b^2}{2(a^2+b^2)}C$$

可以满足基本微分方程（7-15），而式（b）应取为：

$$\Phi=\frac{a^2b^2}{2(a^2+b^2)}C\left(\frac{x^2}{a^2}+\frac{y^2}{b^2}-1\right) \tag{c}$$

（2）利用方程（7-17）求出常数 C。

将式（c）代入式（7-17），得：

$$\frac{a^2b^2}{(a^2+b^2)}C\left(\frac{1}{a^2}\iint_A x^2\mathrm{d}x\mathrm{d}y+\frac{1}{b^2}\iint_A y^2\mathrm{d}x\mathrm{d}y-\iint_A \mathrm{d}x\mathrm{d}y\right)=M \tag{d}$$

式中，A 为椭圆截面的面积。

由材料力学可知：

$$\iint_A x^2\mathrm{d}x\mathrm{d}y=I_y=\frac{\pi a^3b}{4},\qquad \iint_A y^2\mathrm{d}x\mathrm{d}y=I_x=\frac{\pi ab^3}{4},\qquad \iint_A \mathrm{d}x\mathrm{d}y=\pi ab$$

代入式（d），即得：

$$C=-\frac{2(a^2+b^2)M}{\pi a^3b^3} \tag{e}$$

将式（e）代回到式（c），得确定的应力函数：

$$\Phi=-\frac{M}{\pi ab}\left(\frac{x^2}{a^2}+\frac{y^2}{b^2}-1\right) \tag{f}$$

这个应力函数已经满足了所有条件。

下面求出应力分量和位移分量。

将应力函数的表达式（f）代入式（7-14），得应力分量：

$$\tau_{zx}=-\frac{2M}{\pi ab^3}y,\qquad \tau_{zy}=\frac{2M}{\pi a^3b}x \tag{7-24}$$

横截面上任意一点的合切应力是：

$$\tau=(\tau_{zx}^2+\tau_{zy}^2)^{1/2}=\frac{2M}{\pi ab}\left(\frac{x^2}{a^4}+\frac{y^2}{b^4}\right)^{1/2} \tag{7-25}$$

假想有一薄膜张在如图 7-8 所示的椭圆边界上，并受有气体压力，若 $a\geqslant b$，则薄膜的最大斜率将发生在 A 点和 B 点，而方向垂直于边界。根据薄膜比拟，扭杆横截面上最大的切应力也将发生在 A 点和 B 点，而方向平行于边界。将 A 点或 B 点的坐标（0，$\pm b$）代入式（7-25），得到这个最大切应力为：

$$\tau_{\max}=\tau_A=\tau_B=\frac{2M}{\pi ab^2} \tag{7-26}$$

当 $a=b$ 时（圆形截面杆），应力的解答与材料力学中完全相同。

现在来求应变和位移。由式（7-21）和式（e）可得扭角：

$$K=-\frac{C}{2G}=\frac{(a^2+b^2)M}{\pi a^3b^3G} \tag{7-27}$$

于是由式（7-18）得：

$$u=-\frac{(a^2+b^2)M}{\pi a^3b^3G}yz,\qquad v=\frac{(a^2+b^2)M}{\pi a^3b^3G}xz \tag{7-28}$$

再将式（f）和式（7-27）代入式（7-19），得：

$$\frac{\partial w}{\partial x}=-\frac{(a^2-b^2)M}{\pi a^3b^3G}y,\qquad \frac{\partial w}{\partial y}=-\frac{(a^2-b^2)M}{\pi a^3b^3G}x$$

注意，w 只是 x 和 y 的函数，对上列二式进行积分，得：

$$w=-\frac{(a^2-b^2)M}{\pi a^3b^3G}xy+f_1(y)$$

$$w=-\frac{(a^2-b^2)M}{\pi a^3b^3G}xy+f_2(x)$$

由此可见，$f_1(y)$ 及 $f_2(x)$ 应该等于同一常量 w_0，而 w_0 就是 z 方向的刚体平移。不计这个刚体平移，即由上式可得：

$$w=-\frac{a^2-b^2}{\pi a^3b^3G}Mxy \tag{7-29}$$

式（7-29）表明：扭杆的横截面并不保持为平面，而将翘成曲面。曲面的等高线在 xy 面上的投影是双曲线，而这些双曲线的渐近线是 x 轴和 y 轴。只有当 $a=b$ 时（圆形截面杆）才有 $w=0$，横截面才保持为平面。

思考与练习

7-1 设有任意形状的等截面直杆，密度为 ρ，上端悬挂，下端自由，如图 7-9 所示。试分析应力分量 $\sigma_x=0$，$\sigma_y=0$，$\sigma_z=\rho gz$，$\tau_{yz}=0$，$\tau_{zx}=0$，$\tau_{xy}=0$ 是否能满足所有条件。

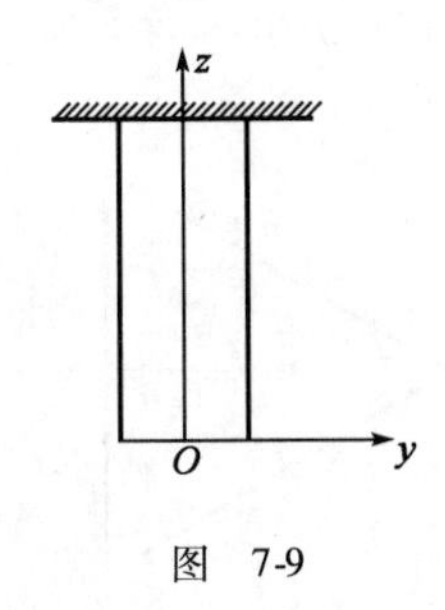

图　7-9

7-2　设有任意形状的空间弹性体，在全部边界上（包括在孔洞边界上）受有均布压力 q，试证应力分量

$$\sigma_x = \sigma_y = \sigma_z = -q, \qquad \tau_{xy} = \tau_{yz} = \tau_{zx} = 0$$

能满足一切条件，因此就是正确的解答。

7-3　试由侧压力系数表达式（7-5）分析，当 μ 接近 0 或 $\frac{1}{2}$ 时，此弹性体分别接近什么样的物体？

7-4　当体力不计时，试证应力分量为重调和函数，即应力分量满足方程：

$$\nabla^4(\sigma_x,\sigma_y,\sigma_z,\tau_{xy},\tau_{yz},\tau_{zx}) = 0$$

7-5　设半无限大空间体的表面受均布压力 q 的作用，如图 7-10 所示，试求弹性体的应力分量。

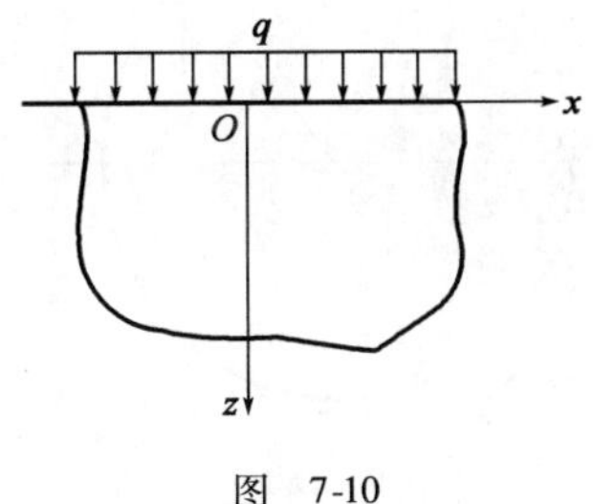

图　7-10

7-6　半空间体在边界平面的一个圆面积上受均布压力 q 的作用，设圆面积的半径为 a，试求圆心下方距边界为 h 处的位移。

7-7　半空间体在边界平面的一个矩形面积上受均布压力 q 的作用，设矩形面积的边长为 a 和 b，试求矩形中心及四角处的沉陷。

7-8　扭杆的横截面为等边三角形 OAB，其高度为 a，取坐标轴如图 7-11 所示，则 AB、OA、OB 三边的方程分别为 $x-a=0$，$x-\sqrt{3}y=0$，$x+\sqrt{3}y=0$，试证应力函数

$$\Phi = m(x-a)(x-\sqrt{3}y)(x+\sqrt{3}y)$$

能满足一切条件，并求出最大切应力和扭角。

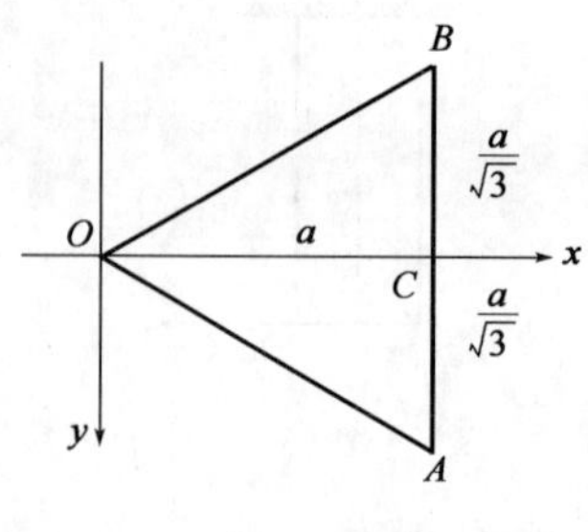

图 7-11

7-9 半径为 R 的圆截面扭杆，有半径为 r 的圆弧槽，取坐标轴如图 7-12 所示，则圆截面边界的方程为 $x^2+y^2-2Rx=0$，圆弧槽的方程为 $x^2+y^2-r^2=0$，试证应力函数

$$\begin{aligned}\Phi &= -GK\frac{(x^2+y^2-r^2)(x^2+y^2-2Rx)}{2(x^2+y^2)}\\ &= -\frac{GK}{2}\left[x^2+y^2-r^2-\frac{2Rx(x^2+y^2-r^2)}{x^2+y^2}\right]\end{aligned}$$

能满足 $\Phi_s=0$ 和 $\nabla^2\Phi=-2GK$。试求最大切应力和边界上离圆弧槽较远处（例如 B 点）的应力。设圆弧槽很小（$r\ll R$），试求槽边的应力集中因子 f。

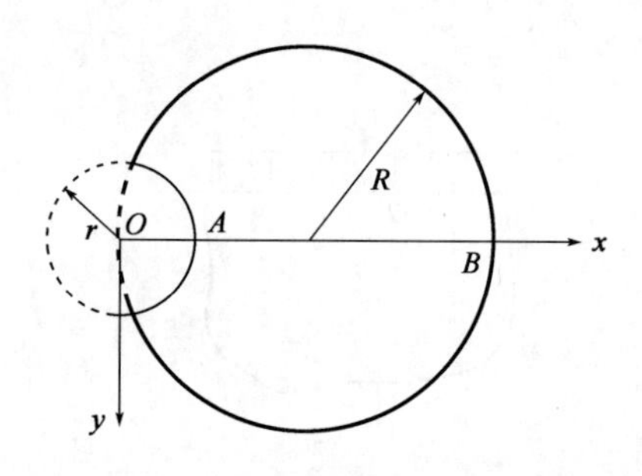

图 7-12

7-10 设有两个等截面直杆，一个横截面为椭圆形，其长半轴为 a，短半轴为 b，另一个横截面为圆形，其半径等于椭圆的短半轴 b，当单位扭角 K 相同时，试比较哪个杆的剪应力较大？如果两个杆具有相同的许用剪应力，试比较哪个杆承受的扭矩较大？

参考文献

[1] 徐芝纶. 弹性力学简明教程[M]. 4版. 北京:高等教育出版社,2013.

[2] 孔德森,门燕青. 弹性力学学习指导与解题指南[M]. 上海:同济大学出版社,2010.

[3] 王润富. 弹性力学简明教程学习指导[M]. 北京:高等教育出版社,2004.

[4] 刘海英. 弹性力学简明教程全程导学及习题全解[M]. 3版. 北京:中国时代经济出版社,2007.

[5] 赵均海,汪梦甫. 弹性力学及有限元[M]. 2版. 武汉:武汉理工大学出版社,2008.

[6] 林小松,樊友景.《弹性力学》题解[M]. 武汉:武汉理工大学出版社,2003.

[7] 王俊民. 弹性力学学习方法及解题指导[M]. 上海:同济大学出版社,2000.

[8] 丁立祚,邵震豪. 弹性力学习题解答[M]. 北京:中国铁道出版社,1982.

[9] 王佩纶. 弹性力学学习指导与例题分析[M]. 南京:南京工学院出版社,1988.

[10] 陆明万,罗学富. 弹性力学基础[M]. 北京:清华大学出版社,1990.

[11] 铁摩辛柯,古地尔. 弹性理论[M]. 徐芝纶,译. 北京:高等教育出版社,1990.

[12] 王仲仁,范世剑,胡连喜. 弹性与塑性力学基础[M]. 哈尔滨:哈尔滨工业大学出版社,1997.

[13] 肖来元. 弹性力学理论集成与学习方法[M]. 武汉:华中理工大学出版社,1997.

[14] 徐秉业. 弹性力学与塑性力学解题指导及习题集[M]. 北京:高等教育出版社,1985.

[15] B. Г. 列卡奇. 弹性力学概要与经典题解[M]. 姜弘道,王润富,王林生,译. 北京:高等教育出版社,1988.

[16] 赵学仁. 弹性力学基础[M]. 北京:北京理工大学出版社,1994.

[17] 王龙甫. 弹性力学[M]. 北京:科学出版社,1978.

[18] 孙伟,韩清凯. 弹性力学及有限元法基础教程[M]. 沈阳:东北大学出版社,2009.

[19] 米海珍,胡燕妮,李春燕. 弹性力学[M]. 2 版. 重庆:重庆大学出版社,2004.

[20] 王敏中,王炜,武际可. 弹性力学教程[M]. 北京:北京大学出版社,2002.

[21] 薛强,马士进,童志强. 弹性力学[M]. 北京:北京大学出版社,2006.

[22] 王光钦. 弹性力学[M]. 北京:中国铁道出版社,2008.

[23] 沃国纬,王元淳. 弹性力学[M]. 上海:上海交通大学出版社,1998.

[24] 刘人通. 弹性力学[M]. 西安:西北工业大学出版社,2002.

[25] 陈国荣. 弹性力学[M]. 南京:河海大学出版社,2005.

[26] 米海珍,李春燕. 弹性力学[M]. 重庆:重庆大学出版社,2001.

[27] 徐芝纶. 弹性力学:上、下册[M]. 北京:高等教育出版社,2001.

[28] Xu Zhilun. Applied Elasticity[M]. Beijing:High Education Press;New York:Wiley Eastern Limited,1992.

[29] 王敏中. 高等弹性力学[M]. 北京:北京大学出版社,2002.

[30] 吴家龙. 弹性力学[M]. 新 1 版. 上海:同济大学出版社,1996.